Entwicklung eines laseroptischen Messverfahrens zur Quantifizierung der Schichtdicke von Wasserfilmen

Von der Fakultät für Ingenieurwissenschaften, Abteilung Maschinenbau der

Universität Duisburg-Essen

zur Erlangung des akademischen Grades

DOKTOR-INGENIEUR

genehmigte Dissertation

von

Daniel Greszik

aus

Düsseldorf

Referent: Prof. Dr. Christof Schulz

Korreferent: Prof. Dr. Cameron Tropea

Tag der mündlichen Prüfung: 3. August 2011

Bibliografische Information der Deutschen Nationalbibliothek
Die Deutsche Nationalbibliothek verzeichnet diese Publikation in der Deutschen Nationalbibliografie; detaillierte bibliografische Daten sind im Internet über http://dnb.d-nb.de abrufbar.
1. Aufl. - Göttingen : Cuvillier, 2011
Zugl.: Duisburg, Univ., Diss., 2011

978-3-86955-858-5

Nonnenstieg 8, 37075 Göttingen
Telefon: 0551-54724-0
Telefax: 0551-54724-21
www.cuvillier.de

1. Auflage, 2011
Gedruckt auf säurefreiem Papier

978-3-86955-858-5

Entwicklung eines laseroptischen Messverfahrens zur Quantifizierung der Schichtdicke von Wasserfilmen

Danksagung

Diese Arbeit entstand am Institut für Verbrennung und Gasdynamik des Fachbereichs Maschinenbau der Universität Duisburg-Essen.

Mein besonderer Dank gilt meinem Doktorvater und dem Leiter des Instituts, Herrn Prof. Dr. Christof Schulz, für sein Interesse am Fortgang meiner Arbeit und für die richtungweisenden Gespräche, die mir eine wertvolle Hilfe waren, wie auch für die Freiheit bei der wissenschaftlichen Arbeit und das mir entgegengebrachte Vertrauen mit der Möglichkeit zur Promotion als Fachhochschulabsolvent. Herrn Prof. Dr. Cameron Tropea danke ich für die freundliche Übernahme des Koreferats und für die Aufnahme ins Graduiertenkolleg 1114.

Mein Dank geht auch an meine Eltern, Freunde und Kolleginnen und Kollegen, zum einen für die fachliche Unterstützung, zum anderen für die freundschaftliche Atmosphäre am Lehrstuhl. Ganz besonders hervorzuheben sind Dr. Thomas Dreier für die jahrelange sehr gute Zusammenarbeit, seine hilfreichen Anregungen und die vielen geführten Diskussionen. Mein Dank gilt Herrn Dr. Aslam Siddiqi für die Durchführung der Gleichgewichtsberechnungen. Herrn Jörg Albrecht danke ich für die Fertigung unzähliger Bauteile, sowie für viele lustige Augenblicke. Weiter möchte ich mich bei den Herren Ulrich Visser, Martin Jerman sowie Ingo Kietzmann für die Herstellung mechanischer, optischer sowie elektrischer Komponenten bedanken. Abschließend danke ich den Studenten und wissenschaftlichen Hilfskräften für ihren Einsatz und die tatkräftige Unterstützung im Labor und vor dem Rechner.

Diese Arbeit entstand im Rahmen des Graduiertenkollegs 1114 „Optische Messtechniken für die Charakterisierung von Transportprozessen an Grenzflächen". Für die Finanzierung und die fachliche sowie administrative Begleitung sei herzlich gedankt.

Duisburg, im August 2011

Daniel Greszik

Zusammenfassung

Wässrige Flüssigkeitsfilme treten in unzähligen technischen Anwendungen als gewollter oder unerwünschter Effekt auf. Zum Verstehen und Optimieren dieser Prozesse sind Informationen bezüglich der Schichtdicke sowie des zeitlichen Verhaltens des Films unabdingbar. Ein Messverfahren, das es ermöglicht Flüssigkeitsfilme hinsichtlich ihrer Dicke und Form zu erfassen, würde einen großen Beitrag zum Erreichen dieser Ziele leisten.

Das im Rahmen dieser Arbeit entwickelte und angewandte, quantitative Verfahren zur Messung von Wasserfilmdicken auf Oberflächen basiert zum einen auf der Laser-induzierten Fluoreszenz sowie auf der spontanen Ramanstreuung an Wassermolekülen. Im Vergleich zu bestehenden Messmethoden bieten diese den Vorteil einer zweidimensionalen Auflösung auch für die Detektion verdampfender Wasserfilme. Die Fluoreszenz stammt dabei von zugesetzten Tracersubstanzen, deren Fluoreszenzintensität in Abhängigkeit von Konzentration und Temperatur untersucht wurde. Zur Anwendung in verdampfenden Systemen, in denen der Tracer ein koevaporatives Verhalten zeigen soll, wurden Gleichgewichtsberechnungen durchgeführt, um an die Verdampfungseigenschaften von Wasser angepasste Fluoreszenzmarker auszuwählen. Ethyl-Acetoacetat erfüllt die geforderten Eigenschaften und wurde als Tracer für die hier vorgestellten Untersuchungen verwendet.

Kalibriermessungen an bekannten Schichtdicken in einer Kalibrierzelle liefern den Zusammenhang des detektierten Signals von der Filmdicke für einen Schichtdickenbereich von 5 bis 1000 µm. Während für erste grundlegende Untersuchungen die Filme mit einer Pipette sowie eines Injektors auf eine transparente Oberfläche aufgebracht wurden, wird in einem zweiten Schritt die Übertragung auf ein technisches System, einen Strömungskanal mit der Möglichkeit einer Einspritzung der Tracer-Wasser-Lösungen vollzogen. Hier werden Schichtdicken auf einer metallischen Oberfläche bestimmt. Phasenaufgelöste Messungen liefern eine Aussage über die zeitliche Entwicklung der Filme während des Einspritzvorgangs. Sie geben neben der Kontur ebenfalls eine Aussage hinsichtlich der aufgebrachten Flüssigkeitsmasse, während zeitlich aufgelöste Untersuchungen den Vorgang der Filmverdampfung auf einer beheizten Oberfläche betrachten. Schichtdickenmessungen im Einzelschuss bieten die Möglichkeit Bewegungen der Filmoberfläche zu visualisieren.

Abstract

Aqueous liquid films exist in numerous practical applications as a wanted or undesired effect. For the understanding and optimization of these processes, information about the film thickness and the temporal behavior are essential. A measurement tool which allows the characterization of water films concerning their thickness and shape would provide an important contribution for the achievement of these targets.

The quantitative technique for the measurement of water layer thicknesses developed and applied within this work is based on the laser-induced fluorescence of organic tracers and the spontaneous Raman scattering of water molecules. In comparison to existing techniques, the described methods have the advantage of providing two-dimensional information also for the detection of evaporating water films. The fluorescence comes from added tracer substances. Their fluorescence intensity was investigated in dependence of concentration and temperature. For applications in evaporating systems where the tracer should show a co-evaporative behavior, vapor-liquid-equilibria calculations were performed to choose tracers which were adapted to the evaporation characteristics of water. Ethyl acetoacetate fulfilled these requirements and was chosen for the presented experiments.

Calibration measurements at liquid films of known thickness in a calibration cell delivered the relation of the detected signal strength from the layer thickness for a range between 5 and 1000 μm. For fundamental investigations the film preparation was applied manually via a pipette or by an injector on a transparent quartz surface. In a second step the data were transferred to a technical system. A flow channel provided the opportunity of an injection of the tracer-water solution. Here, the films were measured on a non-transparent metal surface. Phase-resolved measurements show the temporal formation of the film during injection. Additional to the film contour, information about the deposited liquid mass could be determined, while temporally resolved measurements investigated the film evaporation on the heated surface. Single-shot film thickness measurements give the possibility to resolve and visualize movements on the liquid layer surface.

Inhaltsverzeichnis

1. Einleitung

Flüssigkeitsfilme finden in technischen Anwendungen eine weite Verbreitung. Dies kann eine gewollte Benetzung einer Oberfläche sein, oder auch ein nicht gewünschter Nebeneffekt, der die Effizienz eines Verfahrens beeinflusst. Dünne verdampfende Schichten werden in Fallfilmverdampfern zur Wärmeabfuhr verwendet, indem ein Film über eine heiße Oberfläche fließt und dabei verdampft. In motorischen Anwendungen treten Flüssigkeitsfilme in der Regel als ungewollte Effekte im Bereich des Saugrohres, der Brennraumwand oder des Kolbens auf. Während der Gemischbildung kann sich bei bestimmten Betriebsbedingungen ein Teil des Kraftstoffs auf den Oberflächen ablagern und somit nicht der Verbrennung zur Verfügung stehen. Diesen Effekt gilt es zu vermeiden, da er zu einem erhöhten Schadstoffausstoß in Form von Ruß bzw. unverbrannten Kohlenwasserstoffen führt oder im schlimmsten Falle eine Schädigung des Bauteils hervorruft. Wässrige Filme können im Bereich des Abgassystems von Dieselmotoren auftreten, die mit einem SCR-Abgasnachbehandlungssystem (selective catalytic reduction) ausgestattet sind. Zur Senkung der NO_x-Emissionen werden wässrige Harnstofflösungen ins Abgas eingespritzt und dort zu Ammoniak konvertiert. Hier kann sich das eingespritzte Reduktionsmittel auf den Wänden der Abgasanlage ansammeln und somit dem Prozess nicht mehr unmittelbar zur Verfügung stehen.

In der Literatur werden zahlreiche unterschiedliche Messmethoden beschrieben, die die Möglichkeit bieten, Flüssigkeitsfilme zu charakterisieren. Neben Techniken die den Wärmeübergang oder eine Änderung der elektrischen Leitfähigkeit als Maß für die Filmdicke ansehen, existieren eine Reihe an optischen Messtechniken zur Bestimmung der Filmdicke von Flüssigkeitsfilmen. Allerdings eignen sie sich nur bedingt für die Messung der Schichtdicke von verdampfenden, wässrigen Filmen in einem technischen Prozess, bei dem nicht nur die Filmdicke sondern auch dessen zeitliche Veränderung infolge eines Verdampfungsvorgangs von Interesse ist. Während Absorptionsmethoden punktuelle Messverfahren darstellen, erlauben die in der Literatur beschriebenen zweidimensional bildgebenden Fluoreszenz-Methoden nur die Anwendung in Systemen ohne Verdampfung, da die eingesetzten Fluoreszenzmarker wegen ihres zu geringen Dampfdrucks in der Flüssigkeit verbleiben.

Ziel dieser Arbeit ist es, ein Messverfahren zu entwickeln, das wässrige Flüssigkeitsfilme auf einer Oberfläche zweidimensional abbilden und hinsichtlich ihrer Schichtdicke quantitativ erfassen kann. Dabei soll das Verfahren die räumliche und zeitliche Variation dieser Eigenschaft auch für Systeme mit Verdampfung der Flüssigkeit bieten. Es wird ein Verfahren angestrebt, welches berührungslos arbeitet und somit keine durch den Messvorgang hervorgerufene Veränderung des Films bewirkt. Zur Erfüllung dieser Anforderungen bieten sich insbesondere optische Messmethoden an, da diese berührungslos arbeiten und zugleich eine hohe räumliche wie auch zeitliche Auflösung besitzen. Hierfür kommen die Technik der Laser-induzierten Fluoreszenz sowie der spontanen Ramanstreuung zum Einsatz. Diese bieten neben einer räumlichen auch eine hohe zeitliche Auflösung zur Erfassung dynamischer Effekte. Fluoreszenzverfahren, die als quantitative Messtechnik eine hohe Signalstärke liefern, können auch noch bei sehr geringen Schichtdicken präzise Informationen bieten. Jedoch kann es unter Umständen zu Abreicherungseffekten von zugesetzten Tracersubstanzen kommen, die aufgrund der stets ablaufenden Verdunstungsprozesse der Flüssigkeitsfilme mit fortschreitender Zeit zu einer Verfälschung der Schichtdickeninformation führen. Die spontane Ramanstreuung an Wassermolekülen liefert hingegen ein Signal, welches vom Wasser selbst kommt und somit direkt proportional zur interessierenden Schichtdicke ist, so dass auf einen zugesetzten Tracer verzichtet werden kann. Eine simultane Detektion mittels beider Messtechniken verbindet die Vorteile der Signalstärke des LIF-Verfahrens und der damit zusammenhängenden Möglichkeit der Erfassung von sehr dünnen Flüssigkeitsschichten mit dem Tracer-freien und Schichtdicken-proportionalen Signal der Ramanstreuung.

Sind zeitlich sich schnell ändernde Effekte wie eine Wellenbildung auf der Filmoberfläche von Interesse, ist eine Mittelung über mehrere Einzelbilder nicht mehr anwendbar. Hier bietet das LIF-Verfahren die Möglichkeit der Schichtdickenbestimmung im Einzelschuss. Ein mögliches Anwendungsfeld zur Messung von wässrigen Flüssigkeitsfilmen ist das SCR-Verfahren moderner Dieselmotoren. Eine detaillierte Beschreibung des Verfahrens befindet sich im Anhang. Hier können unter bestimmten Betriebsbedingungen wässrige Harnstofffilme auf der Oberfläche der Abgasanlage auftreten, in die die Lösung eingespritzt wird. Für das in dieser Arbeit beschriebene Verfahren wäre es ein potentielles Anwendungsgebiet zur Bestimmung von Schichtdicke und räumlicher Ausdehnung dieser Filme. Zum Erreichen des Ziels sind zahlreiche Schritte durchzuführen, die in dieser Arbeit systematisch untersucht werden. Nach einer detaillierten theoretischen Beschreibung der Messprinzipien wird in einem zweiten Schritt auf die Auswahl eines geeigneten Tracers für die Untersuchungen eingegangen. Hierzu werden die spektralen Eigenschaften von Wasser sowie wässriger Harnstofflösungen untersucht und auf Basis dieser Ergebnisse geeignete Tracer ausgewählt. Unterstützt wird die Entscheidungsfindung durch Flüssigkeits-Dampf-Gleichgewichtsberechnungen, die Aufschluss über das Verdampfungsverhalten der Tracer-Wasser-Mischungen liefern.

Nach Auswahl einer geeigneten Markersubstanz wird im Folgenden auf die Versuchsaufbauten und die verwendeten Geräte eingegangen. Da es sich um bildgebende Messverfahren handelt, sind mehrere Schritte in der Bildnachbearbeitung durchzuführen, die sich von einem Hintergrundabzug bis zu einer Korrektur hinsichtlich der Laserenergie erstrecken. Eine Kalibration des Messverfahrens liefert den Zusammenhang der detektierten Signalintensität von der Schichtdicke. Nach der Erläuterung der Vorarbeiten werden im letzten Teil der Arbeit Ergebnisse von Schichtdickenmessungen wässriger Filme dargestellt und diskutiert. Neben der simultanen Detektion des LIF- und Raman-Signals unter anderem für verdampfende Systeme, werden LIF-Einzelschussmessungen vorgestellt, die es ermöglichen Oberflächeneffekte wie eine Wellenbildung auf der Filmoberfläche zu visualisieren.

2. Literaturüberblick

Im Folgenden soll ein Überblick über verschiedene in der Literatur beschriebene Flüssigfilm-Messmethoden gegeben werden, der auf die in dieser Arbeit angestrebten Anwendungen in technischen Systemen beschränkt ist.

2.1. Kohlenwasserstoff-basierte Systeme

Insbesondere für die Messung von Filmdicken in motorischen Anwendungen wurden zahlreiche optische Messmethoden zur Visualisierung und Charakterisierung von Kraftstofffilmen entwickelt. Diese zielen auf die Messung von Filmen im Bereich des Saugrohres [1-2] mittels der Schattenwurf- sowie der Fluoreszenzmesstechnik ab. Die selben Techniken wurden ebenfalls zur Bestimmung von Kraftstofffilmen auf der Zylinderlaufbahn von Versuchsmotoren angewendet [3-4]. Zur Messung von Flüssigkeitsfilmen auf dem Kolbenboden von Verbrennungsmotoren [5-6] wurde neben der bekannten Fluoreszenzmethode ein Verfahren verwendet, das die Veränderung des Brechungsindex in der Grenzfläche Glas/Luft bei der Benetzung einer Oberfläche ausnutzt [7]. Neben zweidimensionalen Messmethoden, die räumliche Informationen hinsichtlich der Filmgeometrie liefern [8-9], existieren punktuelle Messmethoden die die Schichtdickeninformation für einen definierten Messpunkt aufbereiten [10-11]. Eine detaillierte Erläuterung der Verfahren ist in den folgenden Abschnitten zu finden.

Drake et al. [7] bestimmten die räumliche Verteilung von flüssigem Kraftstoff auf einer rauen Quarzglasoberfläche. In Bereichen, in denen sich Kraftstoff auf der Oberfläche befindet, füllen sich die Rauhigkeiten der Oberfläche mit Flüssigkeit aus und es kommt zu einer Anpassung der Brechungsindizes von Flüssigkeit (vorher: Luft) und Glas. Die Durchstrahlung der Oberfläche mit Licht liefert so verschiedene Intensitäten in Bereichen mit und ohne Film, welche die Autoren als Maß für die Filmdicke nutzten.

Felton et al. [12] benutzten einen gepulsten frequenzverdreifachten Nd:YAG-Laser (355 nm) für die Fluoreszenzanregung von Standardkraftstoff zur Messung der zweidimensionalen Schichtdickenverteilung von Kraftstofffilmen im Saugrohr eines Verbrennungsmotors. Die Detektion wurde mittels einer intensivierten CCD Kamera durchgeführt. Die Signalintensitäten wurden anhand von Signalintensitäten bekannter Schichtdicken einer Kalibrationsmessung in absolute Schichtdickeninformationen umgerechnet.

Kull et al. [13] visualisierten Kraftstofffilme auf dem Quarzring, der als Teil der Zylinderlaufbahn als optischer Zugang eines Versuchsmotors diente. Dazu benutzten sie einen XeCl-Excimer Laser (308 nm) zur Fluoreszenzanregung von Standardkraftstoff. Der Strahl wurde so in den Quarzring eingekoppelt, dass er sich unter Totalreflexion an den Grenzflächen des Ringes bzw. des Kraftstofffilms ausschließlich im Quarz und im Kraftstofffilm ausbreitete. Eine Fluoreszenzanregung von Tropfen außerhalb des Films sowie auch der sich darüber befindlichen Gasphase konnte somit vermieden werden.

Ein ähnliches Verfahren benutzten Alonso et al. [14] zur Messung von Kraftstofffilmen auf einer Quarzglasoberfläche. Sie koppelten einen Laserstrahl mit 266 nm Wellenlänge unterhalb des kritischen Winkels der Totalreflexion durch eine Quarzplatte in einen Flüssigkeitsfilm aus Isooktan ein. Die Fluoreszenz des als Fluoreszenzmarker zugesetzten 3-Pentanon (10 Vol.-%) diente nach Kalibration als quantitatives Maß für die Filmdicke. Der Strahl drang von der Unterseite in den Film ein und wurde unter der Annahme einer ideal glatten Filmoberfläche an der Flüssig-Gas-Grenzfläche total reflektiert. Somit konnten Signalbeiträge von Tropfen oberhalb des Films vermieden werden.

Hentschel et al. [10] benutzten 2,3-Hexandion (4%) in dem nicht fluoreszierenden Ersatzkraftstoff Isooktan zur Bestimmung der Filmdicke an einem Punkt mittels eines kombinierten faserbasierten Anregungs- und Detektionssystems, das bündig in die Oberfläche eingelassen ist, auf der der Film auftritt. Als Anregungslaser diente ein Argon-Ionen Laser (457,9 nm) der in eine Anregungsfaser eingekoppelt wird. Die Detektion wird über eine zweite, benachbarte Faser durchgeführt und das Fluoreszenzsignal mit einem Photomultiplier aufgenommen. Die Bestimmung von Absolutwerten der Schichtdicke wird über eine Kalibration durchgeführt. Hierfür wurde eine Kalibrierzelle entwickelt, die es ermöglicht Filme mit Schichtdicken von 0 bis 2500 µm mit einer Genauigkeit von 2 µm stufenlos einzustellen.

2.2. Wässrige Systeme

Neben motorischen Anwendungen mit Kraftstofffilmen, wurden für Wasserfilme ebenfalls eine Reihe unterschiedlicher Messtechniken entwickelt. Diese beinhalten auf der einen Seite räumlich aufgelöste Messmethoden für nicht verdampfende Wasserfilme, bei denen die Fluoreszenz von zugesetzten, nicht verdampfenden Farbstoffen detektiert wird [15]. Auf der anderen Seite existieren Methoden, die die Absorption eines Lichtstrahls innerhalb des Flüssigkeitsfilms als Maß für die Schichtdicke eines sich zeitlich ändernden Wasserfilms ausnutzen. Als Absorber wird hierfür entweder ein Farbstoff zugegeben [16], oder es wird die Absorption des Lösungsmittels selbst in einem geeigneten Wellenlängenbereich ausgenutzt [17].

Schagen et al. [15] bestimmten die Schichtdicke im Bereich von 0,4 bis 2,5 mm eines Wasserfilms über die Fluoreszenzintensität von zugegebenem Biacetyl. Als Anregung diente ein Laser bei einer Wellenlänge von 405 nm, dessen Strahl in einen Lichtleiter eingekoppelt und der senkrecht zur Flüssigfilmoberfläche ausgerichtet wurde. Die Fluoreszenz wurde in Rückwärtsstreuung mittels derselben Faser detektiert, vom Anregungslicht spektral separiert und von einem Photomultiplier aufgenommen. Zusätzlich wurde simultan mit einem zweiten Photomultiplier die Phosphoreszenzabklingzeit und darüber die Filmtemperatur ermittelt.

Evers et al. [18] benutzten einen Lichtkegel, der aus mehreren optischen Fasern über einen Reflektor geformt wird, die in einem Kreis angeordnet sind, zur Messung der lokalen Schichtdicke eines Flüssigkeitsfilms. Dieser Lichtkegel wurde in den Flüssigkeitsfilm eingekoppelt und das aufgrund der Totalreflexion an der Filmoberfläche rückreflektierte Licht detektiert.

Über eine konzentrisch zu den Anregungsfasern montierte Detektionsfaser wurde das rückreflektierte Licht aufgenommen und stellt ein Maß für die Schichtdicke des Films dar.

Hurlburt et al. [19] und Shedd et al. [20] koppelten den Lichtkegel einer Punktlichtquelle durch eine transparente Oberfläche in den Flüssigkeitsfilm ein und detektierten das an der Filmoberfläche rückreflektierte Licht mittels einer CCD Kamera. Der Abstand des ersten totalreflektierten Lichtstrahls relativ zum Einkopplungspunkt wurde gemessen und kann über Winkelbeziehungen bei Kenntnis der Brechungsindizes von Oberflächenmaterial, Flüssigkeit sowie der Luft oberhalb des Films in eine Schichtdicke umgerechnet werden.

Die Absorption von sichtbarem Licht eines Diodenlasers (635 nm), das durch einen Flüssigkeitsfilm gestrahlt wird und dessen transmittierter Anteil mit einer Photodiode aufgenommen wird, diente Mouza et al. [16] als Maß für die Schichtdicke eines fließenden und mit dem Farbstoff Methylenblau versetzten Wasserfilms. Die Kalibration mittels einer Kalibrierzelle lieferte Schichtdickeninformationen bis zu minimalen Dicken von 1 mm.

Ähnlich dem Verfahren von Mouza et al. [16] benutzten Wittig et al. [21] Laserstrahlung im Nahinfraroten (NIR) Spektralbereich bei 1523 nm um die Schichtdicke eines Wasserfilms ohne Zugabe eines Farbstoffes zu messen. Zur Berücksichtigung von Absorptionsbeiträgen von Fenstern etc., die nicht vom Wasserfilm herrührten, wurde zeitgleich ein zweiter Laserstrahl bei einer Wellenlänge von 633 nm eingekoppelt und dessen Transmission, die nicht von der Schichtdicke abhängt, separat gemessen.

Yang et al. [17] beschreiben ein Punktmessverfahren, basierend auf der NIR-Diodenlaser Absorptionsspektroskopie zur Messung der Schichtdicke von verdampfenden Wasserfilmen im Bereich von 5 bis 1000 µm auf einer transparenten Quarzplatte. Es wurden dazu zwei Laser mit Wellenlängen von 1392 und 1469 nm verwendet. Die Absorption innerhalb des Wasserfilms diente wiederum als Maß für die Schichtdicke. Durch Berechnung der Verhältnisse der beiden Signale können Störeinflüsse eliminiert werden. Über einen dritten Laser (1353 nm), der resonant mit hoher Frequenz über eine Absorptionslinie des Wasserdampfes abgestimmt wird, kann in Kombination mit dem Laser der Wellenlänge 1392 nm über die Zwei-Linienthermometrie die Dampftemperatur oberhalb des Wasserfilms gemessen werden.

Hidrovo und Hart [22] präsentierten eine Emissions-Reabsorptions LIF Technik zur Messung von Schichtdicken in einem Bereich von 5 bis 400 µm mit einer Genauigkeit von 1%. Hierzu verwendeten sie einen Laser bei einer Wellenlänge von 532 nm zur Anregung der optisch dichten Lösung, die aus einer Mischung der beiden Farbstoffe Pyrromethene 567 und Pyrromethene 650 mit einer jeweiligen Konzentration von 8×10^{-4} mol l^{-1} besteht. Der Überlapp des Emissions- und Absorptionsspektrums der beiden Farbstoffe erlaubt die Bestimmung der Schichtdickeninformation durch Verhältnisbildung der beiden LIF-Signale. Während diese Technik für nicht verdampfende Systeme eine sehr hohe Genauigkeit bietet, kann sie für verdampfende Flüssigkeitsfilme nicht verwendet werden, da es während des Verdampfungsprozesses zu einer stetigen Anreicherung des Farbstoffes in der Lösung kommen würde.

Weitere Techniken, die auf mechanischen oder thermodynamischen Prinzipien basieren, nutzen zum Beispiel die Änderung des Wärmeübergangs während des Verdampfungsprozesses, der zu einem Temperatursprung in dem vom Film benetzten Bereich der Oberfläche führt.

2. Literaturüberblick

Weitere Techniken, die auf mechanischen oder thermodynamischen Prinzipien basieren, nutzen zum Beispiel die Änderung des Wärmeübergangs während des Verdampfungsprozesses, der zu einem Temperatursprung in dem vom Film benetzten Bereich der Oberfläche führt.

3. Spektroskopische Grundlagen

Die in dieser Arbeit verwendeten laserbasierten, optischen Messmethoden der Laser-induzierten Fluoreszenz sowie der spontanen Ramanstreuung sollen im folgenden Kapitel hinsichtlich ihrer theoretischen Grundlagen vorgestellt und erläutert werden. Begonnen wird mit der Theorie der Laser-induzierten Fluoreszenz um im Anschluss auf die Grundlagen der spontanen Ramanstreuung einzugehen.

3.1. Laser-induzierte Fluoreszenz (LIF)

Bei der Ausbreitung von Lichtwellen in Materie kommt es grundsätzlich zu einer Wechselwirkung des Lichtes mit der Umgebung. Dies kann auf unterschiedliche Weise geschehen. Zum einen durch elastische Streuprozesse, zum anderen durch inelastische Wechselwirkungen, bei denen Energie zwischen Lichtfeld und Molekülen bzw. zwischen angeregten und nicht angeregten Molekülen ausgetauscht wird. Während also bei elastischen Streuprozessen wie der Rayleigh- oder Mie-Streuung kein Energieübertrag auf das Molekül stattfindet, wird bei inelastischer Streuung Licht vom Molekül absorbiert und anschließend in Form eines Lichtquants anderer Energie wieder ausgesandt. Hierbei hat das ausgesandte Licht im Gegensatz zu elastischen Streuprozessen eine andere Wellenlänge als das eingestrahlte.

Im Folgenden soll auf die Effekte der Absorption, der Energieumwandlung im Molekül sowie der Energieabgabe eingegangen werden [23].

Ist die Resonanzbedingung

$$\Delta E = h\nu \tag{3.1}$$

erfüllt, so kann ein Molekül mit eingestrahltem Licht wechselwirken und dieses absorbieren, was mit einem Energieübertrag auf das Molekül einhergeht. Hierbei wird es vom Grundzustand in einen energetisch höheren, den angeregten Zustand angehoben. Die Rückkehr in den Grundzustand kann auf verschiedene Weise erfolgen, auf die im folgenden Abschnitt eingegangen wird. Zur Veranschaulichung werden in einem ersten Schritt anhand eines stark vereinfachten Zwei-Niveaumodells die Vorgänge bei der Absorption und Emission erläutert um anschließend mittels eines Jablonski-Energieniveauschemas die intramolekularen Energietransferprozesse bei größeren Molekülen mit elektronischer Anregung darzustellen.

3.1.1. Zwei-Niveau-Modell

Das Zwei-Niveau-Modell eignet sich zur Veranschaulichung der Wechselwirkungsprozesse von Materie mit Licht. Das energetisch niedrigere Niveau mit der Energie E_1 wird als Grundzustand, das energetisch höhere mit der Energie E_2 als angeregter Zustand bezeichnet [23].

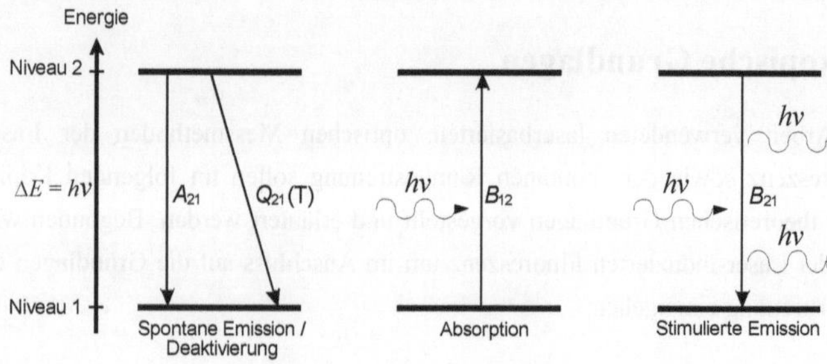

Abbildung 1: Wechselwirkung von Strahlung mit Materie. A und B sind die Einsteinkoeffizienten für den jeweiligen Prozess; Q bezeichnet die Stoßlöschung.

Die Wechselwirkung von Strahlung mit Materie kann in vier unterschiedliche Prozesse unterschieden werden:

- **Spontane Emission:** Die spontane Emission erfolgt statistisch, unabhängig vom äußeren Strahlungsfeld. Das emittierte Photon der Energie $\Delta E = E_2 - E_1$ hat eine beliebige Richtung. Die mittlere Verweilzeit τ im angeregten Zustand wird als Lebensdauer bezeichnet. Da die Emission statistisch erfolgt, liefert dieser Prozess nur inkohärente Strahlung.

- **Strahlungslose Deaktivierung:** Hierunter wird der Prozess der Stoßlöschung (Quenching) verstanden, welcher zu einem Übergang von einem angeregten in den Grundzustand führt, ohne dabei Photonen auszusenden.

- **Induzierte Absorption:** Ist die Resonanzbedingung $\Delta E = h\nu$ erfüllt, wird das System durch Absorption eines Photons in den energiereicheren Zustand E_2 angeregt. Die Wahrscheinlichkeit ist proportional zur Zahl der Photonen am Ort des Moleküls bzw. zur spektralen Energiedichte.

- **Stimulierte Emission:** Trifft Licht geeigneter Energie $h\nu$ auf ein angeregtes Molekül so entsteht stimulierte Emission. Es wird dabei ein Elektron, das sich im angeregten Zustand befindet, veranlasst in den Grundzustand überzugehen. Die erzeugte Lichtwelle hat gleiche Richtung sowie Phasenlage wie die eingestrahlte. Beide Wellen sind kohärent. Die Wahrscheinlichkeit ist, identisch der induzierten Absorption, proportional zur Photonendichte am Ort.

Der quantitative Nachweis der Stoffmenge eines Fluoreszenztracermoleküls setzt aufgrund der Vielfalt der möglichen Energieübergänge der Laser-angeregten Spezies und deren Abhängigkeit von den Umgebungsbedingungen eine detaillierte Kenntnis der photophysikalischen Eigenschaften und intramolekularen Prozesse voraus. So können durch Detektion des ausgesandten Fluoreszenzlichtes Rückschlüsse auf die nachgewiesene Spezies, Konzentrationen, Temperaturen etc. gezogen werden. Zur Ermittlung des Zusammenhangs zwischen detektiertem Signal und der sich im Messvolumen befindlichen Molekülanzahl, können die komplizierten Prozesse durch eine Kalibration auf wenige stoffspezifische Größen reduziert werden. Unter der Voraussetzung, dass keine Fluoreszenzsättigung auftritt, d.h. dass ein linearer Zusammenhang zwischen Laserintensität und Fluoreszenzsignal besteht (was nur für eine geringe Strahlungsleistung I_L des Lasers der Fall ist), kann die mit einem Detektor erfasste Fluoreszenzleistung P_{LIF} gemäß Gleichung 3.2 beschrieben werden. Sie ist direkt proportional zur Anzahl der Teilchen im Grundzustand N_1^0 multipliziert mit dem Messvolumen V, dem Beobachtungsraumwinkel Ω und dem Produkt aus der Energie $h\nu_{LIF}$ des mit Lichtgeschwindigkeit c einfallenden Photons sowie dem Einsteinkoeffizienten für die Absorption B_{12}.

$$P_{LIF} = \frac{h\nu_{LIF}}{c} \Omega V N_1^0 B_{12} \frac{A_{21}}{A_{21} + Q_{21}} I_L \tag{3.2}$$

Die Anzahl emittierten Photonen $P_{LIF} / h\,\nu_{LIF}$ ergibt sich somit zu

$$\frac{P_{LIF}}{h\nu_{LIF}} = \Omega V N_1^0 \frac{I_L}{c} B_{12} \frac{A_{21}}{A_{21} + Q_{21}} \tag{3.3}$$

Als Fluoreszenzquantenausbeute ϕ wird das Verhältnis aus Einsteinkoeffizient für spontane Emission A_{21} und dessen Summe mit der Quenchrate Q_{12} gemäß Gleichung 3.4 bezeichnet.

$$\phi = \frac{A_{21}}{A_{21} + Q_{21}} = \phi(\lambda, T, p, \textstyle\sum_i x_i) \tag{3.4}$$

Bei der Emission ist in der Regel neben der Wellenlängen- sowie Temperaturabhängigkeit auch eine Abhängigkeit vom Systemdruck p und der Zusammensetzung des Stoffes $\sum_i x_i$ festzustellen.

Durch zeitliche Integration von Gleichung 3.3 über einen Laserpuls erhält man die gesamten pro Laserpuls auf dem Detektor auftreffenden Photonen. Multiplikation mit der Effizienz des Detektors Q_D liefert letztendlich das Messsignal S_{LIF}.

$$S_{LIF} = Q_D \, \Omega \frac{E_L}{h\nu_L} V N_1^0 \, \sigma(\lambda, T) \, \phi(\lambda, T, p, \textstyle\sum_i x_i) \tag{3.5}$$

Der Absorptionsquerschnitt σ ist hier eine Funktion der Anregungswellenlänge λ und, aufgrund der Besetzungsstatistik im Grundzustand, der Temperatur T. Die Pulsenergie des Lasers wird hierbei durch das Zeitintegral der Laserintensität

$$E_L = \int_t I_L \Delta\nu_L \, dt \tag{3.6}$$

ausgedrückt.

3.1.2. Fluoreszenz organischer Moleküle

Nachdem im vorherigen Abschnitt anhand eines vereinfachten Zwei-Niveau-Modells die grundlegenden Wechselwirkungsprozesse zwischen Photonen, Molekül und Umgebung dargestellt wurden, sollen jetzt die intramolekularen Energiepfade für größere organische Moleküle aufgezeigt werden, wie sie auch als Fluoreszenztracer verwendet werden. Die Absorption eines Lichtquants führt zu einer Anregung des Moleküls vom Grundzustand S_0 in den ersten elektronisch angeregten Zustand S_1. Die von einem Molekül absorbierte Energie kann anschließend auf verschiedene Arten strahlungslos oder unter Aussendung von Strahlung wieder abgegeben werden. Ein Energieniveauschema (sog. Jablonski-Diagramm) gibt Aufschluss über die unterschiedlichen Energieniveaus sowie die Transfermechanismen innerhalb eines Tracermoleküls.

Wurde ein Molekül durch Absorption eines Lichtquants in einen Singulett-Zustand angeregt, so kann durch internal conversion (IC) ein Übergang in einen tieferen Singulett-Zustand erfolgen. Bei Übergängen zwischen Singulett- und Triplettzuständen mit zusätzlicher Änderung des Spins $\Delta S \neq 0$ findet hingegen intersystem crossing (ISC) statt [24]. IC sowie ISC können als verlustfreie Zustandsänderungen betrachtet werden und sind strahlungslos. Durch interne Umverteilung der Schwingungszustände bzw. internal vibrational redistribution (IVR) wird beim Übergang aus einem angeregten Vibrationszustand in den Vibrationszustand des thermischen Gleichgewichts innerhalb eines Singulett- oder Triplettzustands Energie umverteilt. Der Übergang aus dem thermischen Gleichgewicht eines angeregten Singulettzustands in den Grundzustand S_0 durch Abgabe eines Photons wird als Fluoreszenz bezeichnet. Elektronisch angeregte Singulettzustände haben eine typische Lebensdauer von weniger als hundert Nanosekunden. Das emittierte Licht ist hinsichtlich Wellenlänge und Form des Spektrums charakteristisch für das jeweilige Molekül und in der Regel zu längeren Wellenlängen, relativ zur Anregung, hin verschoben, da das Molekül meist in einen im Vergleich zum Ausgangsniveau energetisch höheren Quantenzustand zurückfällt. Ein weiterer Grund ist die Relaxation in den niedrigsten angeregten Schwingungszustand im elektronisch angeregten Zustand noch bevor es zur Emission kommt (IVR) [23]. Die Aussendung von Photonen beim Übergang eines Moleküls aus dem Triplettzustand T_1 in den Grundzustand S_0 nennt man Phosphoreszenz. Der erste Triplettzustand T_1 wird durch ISC aus dem ersten angeregten Singulettzustand S_1 erreicht. Dabei liegen die Quantenzustände des Tripletts generell auf einem niedrigeren Energieniveau als die der entsprechenden Singulettzustände, so dass der verlustfreie Übergang durch ISC in den Triplettzustand zunächst in ein höheres Vibrationsniveau stattfindet.

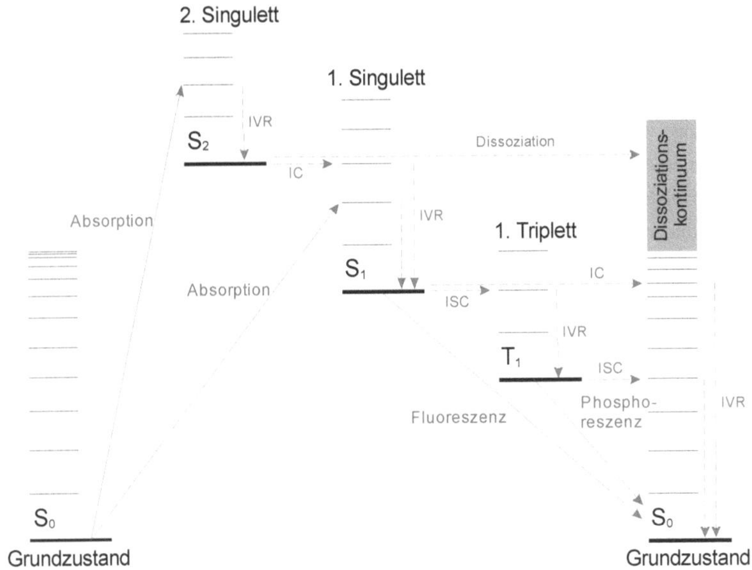

Abbildung 2: Vereinfachtes Jablonski-Diagramm der Energieübergänge eines polyatomaren Moleküls in den ersten sowie zweiten Singulett-Zustand nach Anregung [25] (adaptiert aus [26]). Zur Vereinfachung wurden keine Rotationsenergieniveaus eingezeichnet. IC internal conversion, IVR internal vibrational redistribution, ISC intersystem crossing.

3.1.3. Schichtdickenabhängigkeit des LIF-Signals

Das Ziel ist es, einen Zusammenhang zwischen dem emittierten Fluoreszenzsignal und der Schichtdicke eines Flüssigkeitsfilms herzustellen. Thurber et al. [27] beschreiben ein Fluoreszenzmodell in Abhängigkeit von Druck und Temperatur für Aceton in der Gasphase. Hier wird insbesondere auf die Druckabhängigkeit der innermolekularen Energietransferprozesse eingegangen. In dieser Arbeit wird ein vereinfachtes Modell verwendet, bei dem nur die Prozesse der spontanen Emission sowie der Stoßlöschung berücksichtigt werden (vgl. Gleichung 3.4).

Es kann angenommen werden, dass das Messvolumen V der angeregten Fläche A multipliziert mit der Schichtdicke d entspricht.

$$S_{LIF} = Q_D \, \Omega \frac{E_L}{h\nu_L} N_1^0 \, \sigma(\lambda, T) \, \phi(\lambda, T, p, \sum_i x_i) \, A \, d \tag{3.7}$$

Gleichung 3.7 beschreibt den direkten Zusammenhang des detektierbaren Fluoreszenzsignals S_{LIF} in Abhängigkeit der Filmdicke d, die für das LIF-Verfahren in dieser Arbeit verwendet wird.

3.2. Raman-Streuung

Wird eine Probe mit monochromatischem Licht bestrahlt, so ist feststellbar, dass anteilig Licht transmittiert, absorbiert und gestreut wird. Der größte Anteil des gestreuten Lichts besitzt die gleiche Wellenlänge wie das einfallende. Ein geringer Anteil ist jedoch wellenlängenverschoben im Spektrum erkennbar, d.h. er wird inelastisch gestreut. Dieses in der Wellenlänge verschobene Licht, welches aufgrund von Energieaufnahme/-abgabe durch Schwingung und Rotation der Moleküle entsteht, wird nach seinem Entdecker Chandrasekhara Raman „Raman-Streulicht“ benannt, der im Jahre 1928 als Erster diesen Effekt beobachtete.

3.2.1. Energieschema

Für eine einfache, qualitative Darstellung des Vibrations-Raman-Effektes kann ein Energieschema (Abbildung 3) zu Hilfe genommen werden. Wird ein Molekül mit einem Photon bestrahlt, dessen Energie nicht einem erlaubten Dipolübergang entspricht, wird es vom Grundniveau in ein so genanntes virtuelles Niveau angehoben. Würde der erste elektronisch angeregte Zustand erreicht, könnte das Photon absorbiert werden und anschließend zum Beispiel zur Fluoreszenz führen. Die Rückkehr des Moleküls findet unter Emission eines Photons, entweder zurück in den Grundzustand (Fall (a)) oder in einen höheren (Vibrations-) Zustand (Fall (b)) statt. War das Molekül vor dem Streuprozess in einem angeregten Schwingungs-/Rotationszustand und die Abregung erfolgt in einen niedrigeren Energiezustand, so tritt Fall (c) ein.

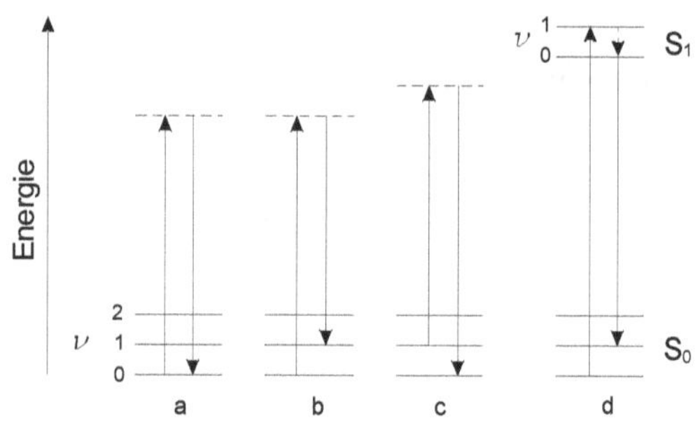

Abbildung 3: Energieschema der Vibrationsniveaus v_i des Raman-Effektes im elektronischen Grundzustand S_0 und Anregungszustand S_1: (a) Rayleigh- , (b) Stokes-Raman-, (c) Anti-Stokes-Raman-Streuung und (d) Fluoreszenzstrahlung [28].

In (a) findet kein Energieübertrag auf das Molekül statt. Man spricht hier von elastischer, nicht frequenzverschobener Rayleigh-Streuung. Das einfallende und gestreute Photon sind in ihrer Wellenlänge identisch. Aufgrund der geringeren Energie des gestreuten Photons findet in (b) eine Verschiebung zu längeren Wellenlängen statt wohin gegen in (c) aufgrund der höheren Energie eine Verschiebung zu kürzeren Wellenlängen stattfindet. Diese beiden inelastischen und somit frequenzverschobenen Streuprozesse stellen die Stokes- (b) sowie Anti-Stokes-Raman-Streuung (c) dar [29-30].

3.2.2. Klassische Herleitung der Ramanfrequenzen

Wird der Vibrations-Raman-Effekt mittels der Elektrodynamik betrachtet, so führt dies zur im Folgenden erläuterten Beschreibung. Ein elektrisches Feld der Frequenz ν_0, wechselwirkt mit den Elektronen der Molekülhülle. Hierbei kommt es zu einer periodischen Verschiebung der Hülle und der Kerne aus den entsprechenden Gleichgewichtslagen heraus. Dieser Effekt wird als Vibration des Moleküls bezeichnet. Aufgrund der geringen Masse der Elektronen folgen sie der aufgeprägten Schwingung mit gleicher Frequenz. Dies führt zu nicht frequenzverschobener Rayleigh-Strahlung. Die Molekülkerne können aufgrund ihrer höheren Masse der Anregungsfrequenz jedoch nicht folgen und schwingen daher mit ihrer charakteristischen Frequenz ν_m. Eine Fourier-Transformation dieser modulierten Schwingung in den Frequenzbereich ergibt die abgestrahlten Frequenzen [29-36]. Hierbei werden die beiden Raman-Frequenzen

$$\begin{aligned} \nu_S &:= \nu_0 - \nu_m \\ \nu_{AS} &:= \nu_0 + \nu_m \end{aligned} \tag{3.8}$$

ersichtlich.

Die Herleitung soll hier für ein zweiatomiges Molekül mit gleichen Atomkernen dargestellt werden [37-38].

Ein elektrisches Feld $\vec{E}$ mit der Eigenkreisfrequenz $\omega_0 = 2\pi\,\nu_0$ und der Amplitude $\vec{E}_0$:

$$\vec{E} = \vec{E}_0 \cos(\omega_0\, t) \tag{3.9}$$

induziert im Molekül ein sich zeitlich veränderndes Dipolmoment

$$\vec{p} = \alpha\, \vec{E}. \tag{3.10}$$

Die Polarisierbarkeit α des Moleküls wird über den Wechselfeldansatz

$$\alpha = \alpha_0 + \alpha_m \cos(\omega_m\, t) \tag{3.11}$$

beschrieben. Sie setzt sich aus der mittleren, permanenten Polarisierbarkeit sowie der zeitlichen Modulation mit der Kreisfrequenz ω_m und Amplitude α_m zusammen. Einsetzen in Gleichung 3.9 und ausmultiplizieren liefert:

$$\vec{p} = \alpha_0 \vec{E}_0 \cos(\omega_0\, t) + \frac{1}{2}\alpha_m \vec{E}_0[\cos((\omega_0 - \omega_m)t) + \cos((\omega_0 + \omega_m)t)] \tag{3.12}$$

Hieraus lassen sich die drei auftretenden Frequenzen ablesen.

$$\omega = \begin{cases} \omega_0 & \hat{=} \quad Rayleigh \\ \omega_S := \omega_0 - \omega_m & \hat{=} \quad Stokes - Raman \\ \omega_{AS} := \omega_0 + \omega_m & \hat{=} Anti - Stokes - Raman \end{cases} \tag{3.13}$$

Neben der Bestimmung der Raman-Frequenzen ist die Berechnung der Intensitäten des Raman-gestreuten Lichtes I_{Raman} einer Spezies in einen Raumwinkel Ω besonders wichtig. Hierfür gilt:

$$I_{Raman} = I_L N \Omega V Q_D \sigma_{Raman} \tag{3.14}$$

Dabei ist I_{L} die Intensität des einfallenden Lichtes, N die Stoffmengenkonzentration der Spezies im Streuvolumen V und σ_{Raman} der Raman-Streuquerschnitt der jeweiligen Spezies [31, 39]. Q_{D} steht hier für die Nachweiseffizienz des Detektionssystems.

Die wesentlichen Abhängigkeiten der Raman-Signalstärke von den einzelnen Einflussgrößen sind im Folgenden beschrieben:

$\sim I_{\text{L}}$ Eine Steigerung der eingestrahlten Intensität im Probenvolumen steigert das Raman-Signal. Bei hohen Anregungsintensitäten treten unter Anderem nichtlineare Effekte innerhalb des Probenvolumens auf, die zu stimuliertem Raman oder dem Hyper-Raman-Effekt führen. Da diese Effekte innerhalb der gezeigten Experimente nicht auftreten, werden diese hier nicht weiter vertieft.

$\sim N$ Das Raman-Signal steigt proportional zur Konzentration der Raman-aktiven Moleküle der jeweiligen Spezies in der Probe an.

$\sim \sigma_{\text{Raman}}$ Der Streuquerschnitt hat ebenfalls einen proportionalen Einfluss auf das erzeugte Raman-Signal. Er hängt von folgenden Einflussgrößen ab [23]:

- $\sim \nu^4$ Der Raman-Streuquerschnitt hängt in vierter Potenz von der Anregungswellenlänge ab. Eine Verschiebung der Anregungswellenlänge ins kurzwelligere führt zu einer Steigerung der Raman-Signalstärke (vgl. Tabelle 1). Gleichzeitig steigt jedoch auch die Wahrscheinlichkeit, die untersuchte oder andere Spezies zur Fluoreszenz anzuregen.

- $\sim T$ Über die Maxwell-Boltzmann-Gleichung wird der Einfluss der Temperatur korreliert. Über das Verhältnis von Stokes zu Anti-Stokes-Raman-Signal lässt sich die Probentemperatur bestimmen.

In Tabelle 1 sind die Raman-Streuquerschnitte bei typischen Anregungswellenlängen inklusive der Vibrationsfrequenzen einiger ausgewählter Stoffe aufgelistet.

Spezies	Vibrationsfrequenz / cm^{-1}	Raman-Streuquerschnitt / 10^{-30} cm²/ Molekül sr			
		266 nm	337 nm	488 nm	532 nm
N_2	2330,7	7,0*	3,5	0,68	0,460
H_2	4160,2	12,9*	8,7	1,32	0,943
O_2	1556,0	7,5*	4,6	0,72	0,650 0,470
NH_3	3334,0	23,4*	11,0	2,75	1,300
H_2O (flüssig)	3400,0	181,0	54,1	8,50	6,000
H_2O	3657,0	13,4*	7,8	1,40	0,900

Tabelle 1: Vibrationsfrequenzen und Streuquerschnitte einiger ausgewählter Raman-aktiver gasförmiger Substanzen sowie von flüssigem Wasser [23, 40], die mit * gekennzeichneten Werte sind unter Annahme einer potenziellen Abhängigkeit vierter Ordnung extrapoliert.

Die bisher vorgestellten Grundlagen zur Raman-Theorie gelten streng genommen nur für verdünnte Gase. In der Regel befindet sich im Anregungsvolumen nicht ein einzelnes Molekül sondern eine große Anzahl der gleichen Sorte, so dass deren Wechselwirkungen berücksichtigt werden müssen. Dadurch kann es zu Veränderungen der spektralen Position, der Form sowie der Intensität des Raman-Spektrums kommen. Diese Wechselwirkungen sind zudem temperatur- und druckabhängig.

Im Folgenden werden Korrekturfaktoren behandelt, die bei der Auswertung der Ergebnisse in Flüssigkeiten berücksichtigt werden müssen.

Brechungsindexkorrektur

In Flüssigkeiten muss die Lokalfeldstärke in Molekülnähe berücksichtigt werden. In den hier angenommenen kontinuierlichen Medien geschieht dies durch den Brechungsindex. Hierzu erfolgt die Korrektur über die Brechungsindizes n_A der Anregungs- bzw. n_S der Streuwellenlänge. Während bei Gasen der Korrekturfaktor bei eins liegt, ergibt sich für Flüssigkeiten ein Wert zwischen zwei und fünf. Folgender Korrekturfaktor stellt sich für Raman-Streuung als geeignet heraus:

$$L = \frac{n_S}{n_0} \frac{(n_S^2 + 2)^2 (n_A^2 + 2)^2}{81} \tag{3.15}$$

Für Flüssigkeiten wird dieser Faktor multiplikativ dem Streuquerschnitt angefügt [36, 41].

Molekülwechselwirkungen

Flüssigkeiten weisen aufgrund ihrer höheren Dichte eine stärkere Wechselwirkung der Moleküle untereinander auf, was sich in einer deutlichen Verbreiterung und Verschiebung der Raman-Banden im Vergleich zu Gasen äußert. Die Banden einzelner Rotationsübergänge lassen sich nicht auflösen, da die Molekülrotationen in Flüssigkeiten gehindert sind. Typische Größen der Linienverbreiterung in Flüssigkeiten können bis zu 20 cm^{-1} betragen [35].

Des Weiteren führen die Wechselwirkungen der Moleküle untereinander zu Verzerrungen des Linienprofils. Besonders bei Gemischen mit polaren Molekülen treten hier verstärkt Effekte im Spektrum auf, z.B. aufgrund von Wasserstoff-Brückenbindungen.

3.2.3. Schichtdickenabhängigkeit des Ramansignals

Die spontane Ramanstreuung bietet aufgrund der Proportionalität des Raman-Signals vom Messvolumen die Möglichkeit, die Schichtdicke von Flüssigkeitsfilmen zu bestimmen. Hierzu kann das Streuvolumen V als Fläche A multipliziert mit der zu messenden Schichtdicke d angesehen werden. Somit ergibt sich folgende Formel der Raman-Intensität als Funktion der Flüssigkeitsfilmdicke d:

$$I_{Raman} = I_L \, N \, \Omega \, A \, Q_D \, \sigma_{Raman} \, d \tag{3.16}$$

Wie in Gleichung 3.16 ersichtlich, sind die weitern Faktoren wie der Detektionsraumwinkel Ω und die Nachweiseffizienz Q_D durch den Messaufbau bzw. die Detektionsoptik festgelegt. Weiter können die Laserintensität I_L, die Konzentration N, der Raman-Streuquerschnitt σ_{Raman} und die beleuchtete Fläche A während des Versuchs als konstant angesehen werden, so dass ausschließlich eine Abhängigkeit des detektierbaren Signals von der Schichtdicke besteht, die für die Raman-Messungen in dieser Arbeit verwendet wird.

4. Fluoreszenztracer

Um aus den Fluoreszenz-Signalintensitäten organischer Tracermoleküle quantitative Informationen bzgl. Schichtdicke, Temperatur oder Konzentration gemäß der in Kapitel 3.1 erläuterten Theorie der Laser-induzierten Fluoreszenz ableiten zu können, müssen deren photophysikalische Eigenschaften (z.B. Transmissions- sowie Fluoreszenzspektren, Fluoreszenzquantenausbeute, usw.) genau bekannt sein. Eine Übersicht der Bedingungen, die die Markersubstanz zur Detektion von Wasserfilmen erfüllen müssen, gibt der folgende Abschnitt.

4.1. Anforderungen

Ein Fluoreszenztracer für die quantitative Bestimmung von Flüssigkeitsschichtdicken hat zahlreiche Bedingungen zu erfüllen. Die wichtigste Anforderung ist die vollständige Löslichkeit der Markersubstanz in der zu untersuchenden Flüssigkeit im gewünschten Konzentrationsbereich. Eine möglichst geringe Tracerkonzentration wird angestrebt, um zum einen die thermophysikalischen Eigenschaften des zu untersuchenden Stoffes möglichst nicht zu verändern und zum anderen eine merkliche Laserstrahlabschwächung innerhalb der Probe zu vermeiden. Dies bedingt einen möglichst hohen Absorptionsquerschnitt sowie eine hohe Fluoreszenzquantenausbeute. Temperaturabhängigkeiten im Absorptions- sowie Fluoreszenzspektrum sollten entweder vernachlässigbar klein oder hinreichend bekannt sein, so dass diese während der Datenauswertung berücksichtigt werden können. Eine geringe „Ausbleichung“ (d.h., photolytische Zersetzung) des Markers unter UV-Bestrahlung ist insbesondere bei langsam verdampfenden Filmschichten erforderlich, bei denen der Tracer über viele Laserpulse der UV-Bestrahlung ausgesetzt ist. Zur Vermeidung von An- oder Abreicherungseffekten innerhalb der Lösung sollte der Marker im relevanten Temperaturbereich parallel zum Lösungsmittel mitverdampfen. Nichtverdampfende Farbstoffmoleküle, wie sie Hidrovo und Hart [22] für ihre Schichtdickenmesstechnik verwenden, sind daher für die hier geplanten Experimente aufgrund ihrer Anreicherung innerhalb der Flüssigphase während des Verdampfungsprozesses als Tracer nicht geeignet. Herkömmliche Marker wie Aceton oder 3-Pentanon, welche oft für die Markierung von Kraftstofffilmen in motorischen Anwendungen zum Einsatz kommen, müssen aufgrund ihrer hohen Flüchtigkeit für den Einsatz in Wasser ebenfalls ausgeschlossen werden (Tabelle 2) [1, 9, 14]. Größere Moleküle mit einem möglichst hohen Siedepunkt, bezogen auf den von Wasser, eignen sich für Wasserfilmuntersuchungen deutlich besser. Tabelle 2 zeigt eine Übersicht ausgewählter physikalisch-chemischer Eigenschaften von Kraft- bzw. Ersatzkraftstoffen sowie von Tracern, die für motorische Untersuchungen oft verwendet werden [42-43].

Eigenschaft	Aceton	3-Pentanon	Dieselkraftstoff	Isooktan
Molmasse / g mol^{-1}	58,08	86,13	-	114,23
Siedepunkt / °C	55,8 – 56,6	100 – 102	150 – 390	97 – 100
Dichte / g cm^{-3}	0,79 (20°C)	0,815	0,82 – 0,845 (15°C)	0,692 – 0,693 (20°C)
Dampfdruck / kPa	23,3 (20°C)	3,76 (20°C)	<0,1 (20°C)	6,0 (25°C)
Wasserlöslichkeit / g l^{-1}	vollständig	50 (20°C)	unlöslich	unlöslich

Tabelle 2: Physikalisch-chemische Eigenschaften von Aceton, 3-Pentanon, Dieselkraftstoff sowie Isooktan [44-47]

Zur Abschätzung des Verdampfungsverhaltens der Tracer-Wasser-Gemische wurden Dampf-Flüssig-Gleichgewichtsberechnungen mittels der UNIFAC-Methode durchgeführt. Dazu wurde das Verdampfungsverhalten von Wassermischungen mit geringen Mengen an zugesetzten Tracersubstanzen untersucht (s. Kapitel 4.4) [48].

Im folgenden Abschnitt wird die spektrale Untersuchung der Lösungsmittel sowie zugesetzter Fluoreszenzmarker vorgestellt und anhand der Ergebnisse hinsichtlich der Anwendbarkeit für Wasserfilmuntersuchungen bewertet. Begonnen wird mit der Untersuchung von Wasser, gefolgt von wässrigen Harnstofflösungen, um anschließend ausgewählte Tracer für Wasserfilmuntersuchungen zu charakterisieren. Dazu wurden Transmissions- und Fluoreszenzspektren aufgenommen. Für Transmissionsmessungen kam ein Absorptionsspektrometer der Firma Varian (Cary 400 Scan) mit einer spektralen Bandbreite von 2 nm zum Einsatz, während die Fluoreszenzanalyse mit einem Spektrometer der Firma Horiba Jobin Yvon (FL3-22 Fluorolog 3) mit einer spektralen Bandbreite von 5 nm bei einer Wellenlänge von 450 nm durchgeführt wurden. Als Küvettenmaterial wurden Quarzglasküvetten (Hellma 111-QS) mit einer optischen Weglänge von 10 mm verwendet.

4.2. Wasser

Die Fluoreszenzspektren von voll entsalztem bzw. bidestilliertem Wasser sind für eine Anregung bei 266 nm in Abbildung 4 gezeigt. Neben dem starken elastischen Streulichtpeak bei der Anregungswellenlänge ist ein zweiter Peak bei 294 nm erkennbar. Dieser ist mit einem spektralen Abstand von 3200 bis 3600 cm^{-1} auf die Stokes-verschobene Ramanstreuung aufgrund der OH-Streckschwingung der Wassermoleküle zurückzuführen [49].

Für einen direkten Vergleich der beiden Spektren wurden diese auf die maximale Raman Signalstärke normiert. Es zeigt sich, dass Rückstände an Verunreinigungen im VE-Wasser zu einem merklichen Fluoreszenzbeitrag bei Wellenlängen größer als 300 nm führen, welcher die Schichtdickenmessung beeinflussen würde. Um eine Verfälschung des Fluoreszenzsignals durch Verunreinigungen des Lösungsmittels zu minimieren, wird für sämtliche Experimente zweifach destilliertes Wasser verwendet. Hier sind Fluoreszenzen im ultravioletten wie auch im sichtbaren Spektralbereich nur in vernachlässigbarer Stärke vorhanden.

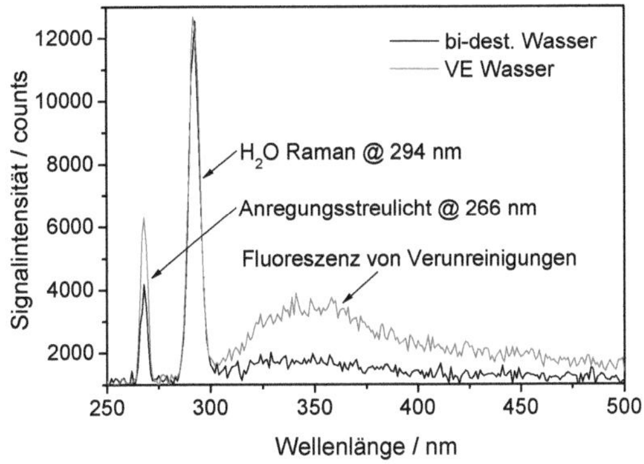

Abbildung 4: Spektren von vollentsalztem Wasser (VE) sowie zweifach destilliertem Wasser (bi.-dest.) bei Anregung mit 266 nm. Die Spektren wurden in einer Küvette mit 10 mm optischer Weglänge gemessen.

4.3. Harnstoff-Wasserlösungen

Nachdem in Kapitel 4.2 die spektroskopischen Eigenschaften von reinem Wasser bestimmt wurden, soll jetzt geprüft und bewertet werden, ob sich Harnstoff selbst als Tracer für Filmdickenmessungen eignet oder zu einer Absorption bei 266 nm führt. Als Lösungsmittel wurde zweifach destilliertes Wasser verwendet. Der Harnstoff lag in Analysequalität mit einer Reinheit von ≥99,5% vor. Angesetzt wurden die Proben mit Harnstoffkonzentrationen im Bereich von 0,1 bis 32,5 Gew.-%.

4.3.1. Absorption

In einem ersten Schritt wurden Transmissionsmessungen für verschiedene Konzentrationen durchgeführt (Abbildung 5). Erkennbar ist hier eine sehr geringe Abhängigkeit der Transmission bei 266 nm von der Harnstoffkonzentration (vgl. Inset in Abbildung 5). Wohin gegen bei Wellenlängen kleiner 260 nm diese Abhängigkeit der Transmission von der Konzentration deutlich zunimmt.

Aus den Transmissionsmessungen der Abbildung 5 wurde mit Hilfe des Lambert-Beer'schen Gesetzes ein Absorptionsquerschnitt von $1{,}19 \pm 0{,}8 \times 10^{-23}$ cm²/Molekül Harnstoff bei einer Wellenlänge von 266 nm berechnet, welcher um ca. einen Faktor 1000 kleiner ist als der anderer Tracersubstanzen wie z.B. Aceton (vgl. Abbildung 13) [50].

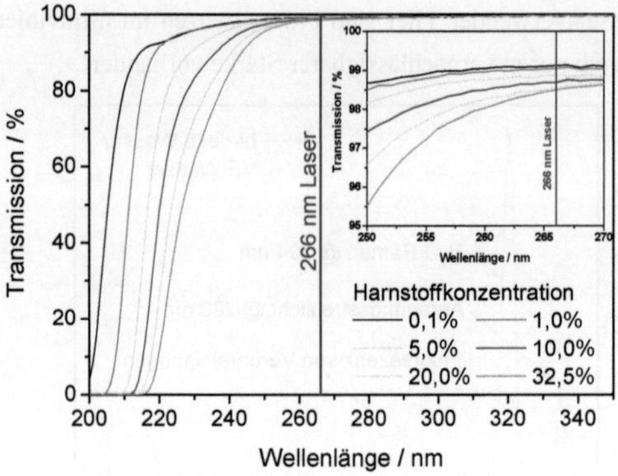

Abbildung 5: Wellenlängenabhängige Transmission von Harnstoff in wässriger Lösung für verschiedene Harnstoffkonzentrationen. Inset: Vergrößerung des Spektrums im Bereich von 250 bis 270 nm. Die Spektren wurden in einer Küvette mit 10 mm optischer Weglänge gemessen.

Somit würden selbst hohe Harnstoffkonzentrationen ein nicht ausreichendes Fluoreszenzsignal liefern. Zu kürzeren Wellenlängen steigt der Querschnitt um nahezu einen Faktor 10 an (vgl. Abbildung 6), liegt aber trotzdem noch zwei Größenordnungen unter dem von Aceton in diesem Spektralbereich. Somit ist durch eine Anregung mit einer kürzeren Wellenlänge auch keine signifikante Signalsteigerung zu erwarten. Zusätzlich muss bei kürzeren Anregungswellenlängen verstärkt mit unerwünschten Fluoreszenzen (z.B. aus dem Lösungsmittel) gerechnet werden.

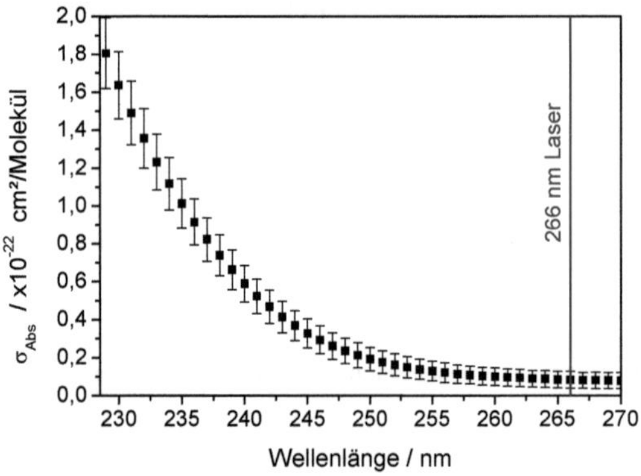

Abbildung 6: Aus den Transmissionskurven bei unterschiedlichen Konzentrationen berechneter, wellenlängenabhängiger Absorptionsquerschnitt einer wässrigen Harnstofflösung.

4.3.2. Fluoreszenz

Nach Bestimmung der Transmissionseigenschaften sowie des wellenlängenabhängigen Absorptionsquerschnitts wurden die Emissionsspektren der Harnstoff-Wasser-Proben bei Anregung mit 266 nm untersucht. In Abbildung 7 sind gemessene Spektren bei variierender Harnstoffkonzentration dargestellt. Erkennbar ist elastisches Streulicht der Anregungsstrahlung bei 266 nm. Auffällig ist hierbei eine Zunahme des Signals mit steigender Harnstoffkonzentration. Eine mögliche Erklärung für den konzentrationsabhängigen Signalanstieg ist eine zunehmende elastische Streuung des einfallenden Lichts an Harnstoffmolekülen oder Oligomeren. Zudem könnte Rayleighstreuung an Verunreinigungen des Harnstoffs eine weitere Ursache sein, die zu einem Anstieg mit steigender Konzentration führt. Hin zu größeren Wellenlängen erkennt man bei 294 nm die Stokes-verschobene Raman-Bande des Lösungsmittels (Wasser) sowie im sichtbaren Spektralbereich ein von der Harnstoffkonzentration abhängiges Fluoreszenzspektrum.

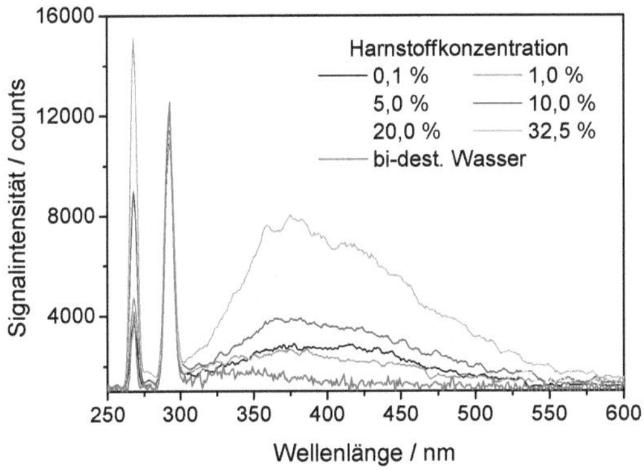

Abbildung 7: Fluoreszenzspektren von Harnstoff-Wasserlösungen als Funktion der Harnstoffkonzentration. Als Vergleich dient das Spektrum von bi-dest. Wasser. Anregungswellenlänge 266 nm; Gut erkennbar ist der Raman-Peak der OH-Streckschwingung von Wasser bei 294 nm; Messungen in einer Küvette mit 10 mm optischer Weglänge.

Für eine detaillierte Auswertung wurden die Signalstärken der Spektren für die Raman-Bande (285–300 nm) sowie für die Fluoreszenz (320–550 nm) aufsummiert und gegen die eingesetzte Harnstoffkonzentration aufgetragen. Eine Normierung der Integrale auf den jeweiligen Maximalwert erlaubt den Vergleich der beiden Verläufe (s. Abbildung 8). Das integrale Raman-Signal zeigt hier einen leichten Anstieg von ca. 10% mit steigender Harnstoffkonzentration. Nach Kutzelnigg et al. weist Harnstoff bei 3383 bzw. 3462 cm^{-1} Raman-Banden auf [51]. Otvos et al. bestimmten Ramanverschiebungen von Harnstoff in wässriger Lösung von 3235, 3385 sowie 3496 cm^{-1} [52]. Zusammen mit der Überlagerung der Ramanbanden der OH-

Streckschwingung des Wassers in diesem Bereich könnte dies zu einem Anstieg des integralen Raman-Signals führen.

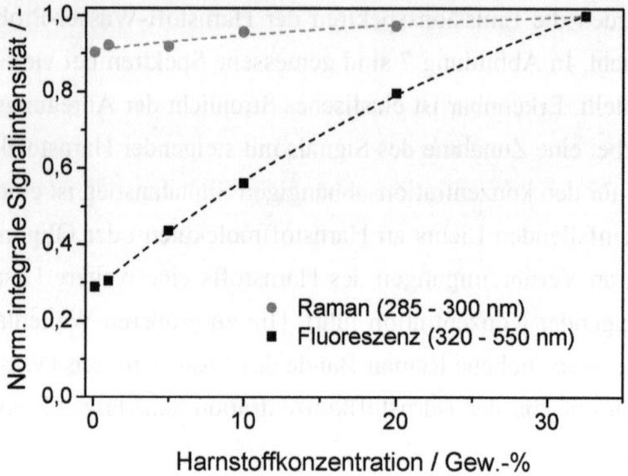

Abbildung 8: Integrierte Fluoreszenz- und Raman-Signalstärke als Funktion der Harnstoffkonzentration, normiert auf den jeweiligen Maximalwert. Die gestrichelten Linien sind eine Kurvenanpassung an die Messwerte.

Weiter ist ein Anstieg der Fluoreszenz mit steigender Konzentration ersichtlich. Dieser Anstieg tritt vermutlich durch Verunreinigungen des Harnstoffs auf. Literaturquellen zur Fluoreszenz von Harnstoff-Wasserlösungen sind nicht bekannt. Selbst geringe Harnstoffkonzentrationen (0,1 Gew.-%) führen zu einem Anstieg des Fluoreszenzsignals im Bereich von 320 bis 550 nm (vgl. Abbildung 7), der mit steigender Konzentration stetig zunimmt. Hierbei ist mit den verwendeten Untersuchungsmethoden der Transmissions- sowie Fluoreszenzmessung nicht eindeutig nachweisbar, ob dieses Signal durch eine Fluoreszenz der Harnstoffmoleküle selbst, oder durch eine nicht ausreichende Reinheit des Harnstoffs hervorgerufen wird.

Verglichen mit den Signalstärken zugemischter Fluoreszenztracer ist dieser Signalbeitrag sehr gering, so dass er für eine Quantifizierung von Flüssigkeitsfilmen nicht geeignet erscheint. Während maximale Signalintensitäten bei der höchsten vermessenen Harnstoffkonzentration von ca. 8000 counts erreicht werden (s. Abbildung 7), liegt der Maximalwert bei einer typischen Tracerkonzentration von 0,1 Gew.-% um ungefähr einen Faktor vier höher (vgl. Abbildung 15). Daher wird in den weiteren hier beschriebenen Untersuchungen zu Filmdickenmessungen mit Tracerzugabe gearbeitet.

4.4. Dampf-Flüssig-Gleichgewichtsberechnungen

Zur Messung der Schichtdicke von verdampfenden, wässrigen Filmen ist es nötig Fluoreszenzmarker zuzugeben, die simultan mit dem Lösungsmittel verdampfen. Eine präferentielle Verdampfung des Tracers aus der Mischung würde zu einem Messsignal führen, das nicht mehr proportional zur Schichtdicke des Wasserfilms wäre. Um dies zu vermeiden, müssen die

Verdampfungseigenschaften der wässrigen Tracerlösung hinreichend bekannt sein. Zur Bestimmung der Verdampfungseigenschaften der Tracer-Wasser-Mischungen wurden Dampf-Flüssig-Gleichgewichtsberechnungen durchgeführt, welche auf der UNIFAC Methode (Universal Quasichemical Functional Group Activity Coefficients) basieren [48]. Dies ist ein Verfahren zur Abschätzung von Aktivitätskoeffizienten molekularer Mischsysteme, das in der Verfahrenstechnik und der technischen Chemie häufig eingesetzt wird. UNIFAC wird als eine Gruppenbeitragsmethode verstanden, welche auf dem Prinzip der Mischung aus Strukturgruppen basiert. Dies sind üblicherweise funktionelle Gruppen, wie beispielsweise die Alkohol- oder Carbonylgruppe. Kleinere Bausteine der Moleküle (z.B. einzelne Atome) können auch – unter Berücksichtigung ihrer chemischen Umgebung – eingebunden werden. Das Prinzip der Gruppenbeitragsmethoden besteht im Wesentlichen darin, dass nur die Eigenschaften einiger weniger Strukturgruppen bekannt sein müssen, statt die Eigenschaften von vielen Stoffen für die Berechnung von Stoffgemischeigenschaften zu kennen. Mit diesen wenigen Strukturgruppen kann eine sehr große Anzahl von Molekülen konstruiert werden. Das Ergebnis liefert Aussagen über den Gleichgewichtszustand eines Mischphasen-Systems (z.B.: Flüssigkeit und Dampf), z.B. über die Massenbrüche der in beiden Phasen vorhandenen Substanzen (hier einer Tracerlösung).

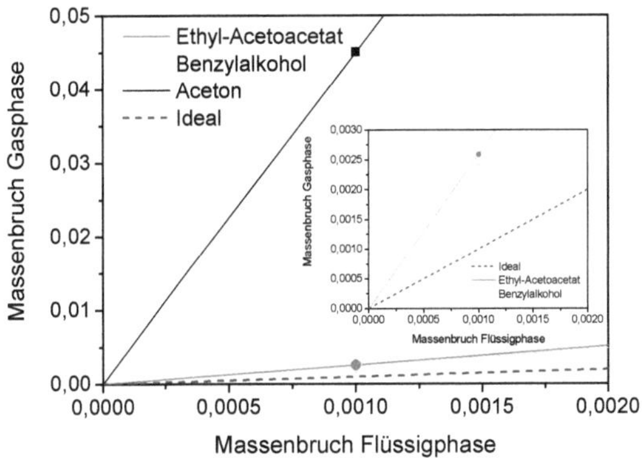

Abbildung 9: Ergebnisse der Gleichgewichts-Berechnungen für die untersuchten Tracer Aceton, Benzylalkohol sowie Ethyl-Acetoacetat, Inset: Vergrößerung des Bereichs von Benzylalkohol sowie Ethyl-Acetoacetat.

Ein idealer Tracer sollte ein koevaporatives Verhalten zeigen, was sich durch die Anwesenheit gleicher Mengenanteile in beiden Phasen äußert. Ein berechnetes Verhältnis der Anteile in der Gas- sowie Flüssigphase würde im Idealfall einen Wert von eins liefern. Als Referenz wurden Berechnungen für den Tracer Aceton angestellt, der oft für Fluoreszenzuntersuchungen verwendet wird. Gemäß den Ergebnissen aus Abbildung 9 liefert die Berechnung für eine Konzentration in der Flüssigphase von 0,1 Gew.-% Aceton ein Verhältnis der Massenbrüche in der Dampf- bzw. Flüssigphase von 45. Dies ist ein Indiz für eine Abreicherung des Tracers aus der Flüssigphase während des Verdampfungsprozesses. Weitere Tracer-Spezies für die Berechnungen durchgeführt wurden sind Ethyl-Acetoacetat (EAA) sowie Benzylalkohol. Das berechnete Verhältnis für EAA beträgt 2,6 und für Benzylalkohol 2,4 und ist somit signifikant näher an einem idealen Verhalten als Aceton [48].

Die Ergebnisse der Gleichgewichts-Berechnungen zeigen für die beiden Tracerkandidaten Ethyl-Acetoacetat sowie Benzylalkohol viel versprechende Ergebnisse. In den Kapiteln 4.5 und 4.6 wird auf die spektralen Eigenschaften der beiden Tracer eingegangen.

4.5. Benzylalkohol

Benzylalkohol (C_7H_8O) gehört zur Gruppe der Alkohole und findet vielfach als Lösungsmittel (Lacke, Tinten) Verwendung. Es ist eine farblose, leicht ölige Flüssigkeit, welche sich in den meisten organischen Lösungsmitteln sowie auch in geringem Maße in Wasser lösen lässt. Für die hier gezeigten Versuche wurde die Chemikalie in Synthesequalität mit einer Reinheit von ≥99% verwendet, um Einflüsse von Verunreinigungen zu minimieren. Tabelle 3 zeigt einige ausgewählte physikalisch-chemische Eigenschaften.

Eigenschaft	Benzylalkohol
Molmasse / g mol^{-1}	108,14
Siedepunkt / °C	204 – 207
Dichte / g cm^{-3}	1,043 – 1,046 (20°C)
Dampfdruck / kPa	0,013 (25°C)
Wasserlöslichkeit / g l^{-1}	40 (20°C)
Toxizität	Nicht gesundheitsgefährdend
Kosten	Vergleichbar Aceton

Tabelle 3: Physikalisch-chemische Eigenschaften von Benzylalkohol

4.5.1. Absorption

Wie in Abbildung 10 erkennbar, zeigt Benzylalkohol hinsichtlich der Absorptionseigenschaften ein ausgeprägtes Maximum im Wellenlängenbereich von 230–270 nm mit einer maximalen Absorption bei 257 nm. Bei einer Wellenlänge von 266 nm besitzt Benzylalkohol einen Absorptionsquerschnitt von $3{,}93 \pm 0{,}25 \times 10^{-19}$ cm²/Molekül, welcher um einen Faktor fünf bis sechs größer ist als der von Aceton (vgl. Abbildung 13).

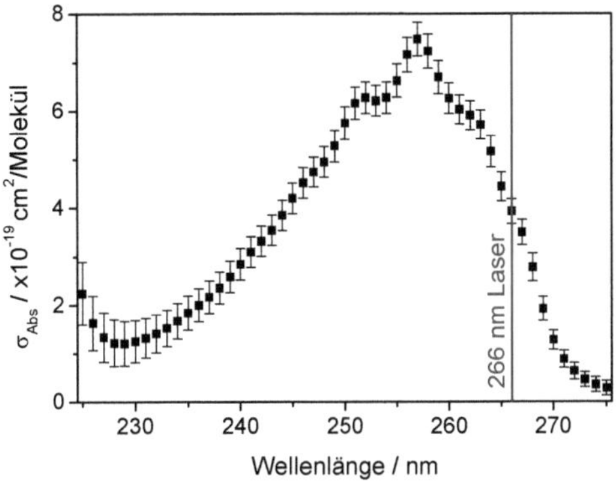

Abbildung 10: Aus dem Transmissionsspektrum berechneter, wellenlängenabhängiger Absorptionsquerschnitt von 0,1 Gew.-% Benzylalkohol in wässriger Lösung.

4.5.2. Fluoreszenz

Die Messung der Fluoreszenzspektren bei verschiedenen C_7H_8O-Konzentrationen liefert das in Abbildung 11 gezeigte Ergebnis. Bei einer Anregungswellenlänge von 266 nm ist eine ausgeprägte Fluoreszenz im Bereich von 266 bis ca. 370 nm erkennbar. Das Maximum liegt bei 290 nm.

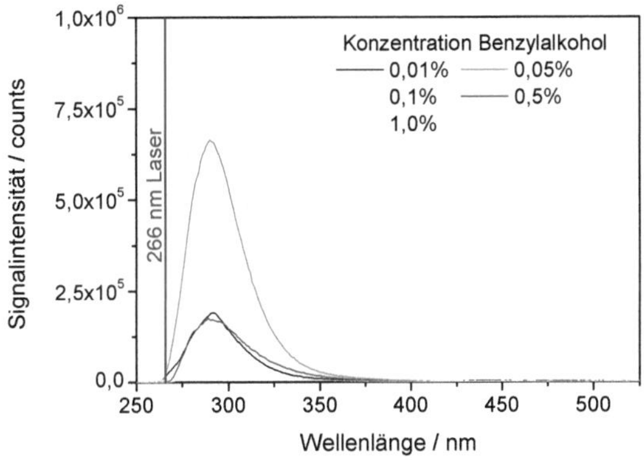

Abbildung 11: Fluoreszenzspektren von Benzylalkohol-Wasserlösungen als Funktion der Tracerkonzentration. Gemessen in einer Küvette mit 10 mm optischer Weglänge

Des Weiteren ist ersichtlich, dass hier eine geringere Rotverschiebung relativ zur Anregungswellenlänge als bei EAA besteht (vgl. Abbildung 15). Ein Vergleich der maximalen Signalintensität mit EAA bei einer jeweiligen Konzentration von 0,1 Gew.-% liefert ein knapp 30-fach größeres Signal bei Benzylalkohol, so dass ein mögliches Raman-Signal von Wassermolekülen hier durch die Tracerfluoreszenz überstrahlt wird. Im Fall von Benzylalkohol könnte daher eine spektrale Trennung der Fluoreszenz von elastischem Streulicht nur über ein Filter mit einer hohen Kantensteilheit nahe der Anregungswellenlänge erfolgen, um nicht einen zu großen Anteil an Fluoreszenzsignal zu unterdrücken.

Summiert man die spektral aufgelösten Intensitäten in einem Wellenlängenbereich von 270 bis 400 nm und trägt sie über der Tracerkonzentration auf (Abbildung 12), so ist für Konzentrationen kleiner 0,08 Gew.-% ein als linear anzunehmender Zuwachs der Intensität mit steigender Konzentration erkennbar. Für Konzentrationen größer 0,08 knickt dieser Verlauf ab, erreicht bei ca. 0,1 Gew.-% sein Maximum um anschließend wieder abzufallen. Dieses Verhalten ist über die Absorption des Anregungsstrahls innerhalb der Küvette erklärbar: es wird in diesem Bereich nicht mehr das gesamte Detektionsvolumen mit der noch bei niedriger Konzentration eingebrachten Lichtintensität angeregt, so dass die integrale Fluoreszenzintensität kleiner wird.

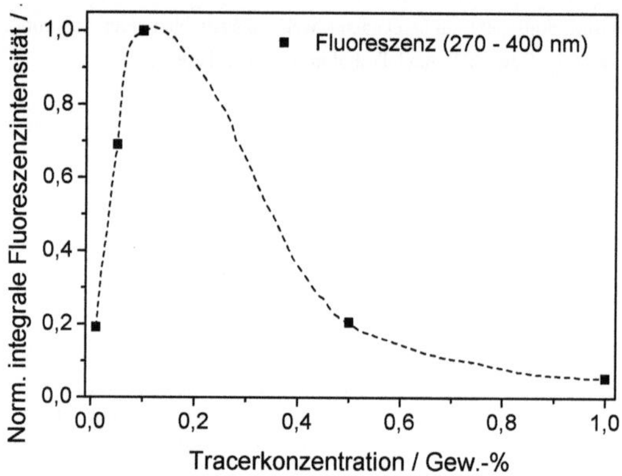

Abbildung 12: Spektral integrierte Fluoreszenz-Signalstärke als Funktion der Tracerkonzentration normiert auf den Maximalwert

4.6. Ethyl-Acetoacetat

Ethyl-Acetoacetat (EAA) gehört zur Gruppe der organischen Stoffe, dessen industrielle Anwendung in der Herstellung von Antibiotika, Farben, Kunststoffen sowie auch als Duftstoff in der Nahrungsmittelindustrie liegt. Einige ausgewählte physikalisch-chemische Stoffeigenschaften sind in Tabelle 4 dargestellt. Im Folgenden soll seine Tauglichkeit als Fluoreszenztracer untersucht und bewertet werden. Sämtliche Messungen wurden mit EAA der Reinheit >99% durchgeführt um Einflüsse von Verunreinigungen zu minimieren.

Eigenschaft	Ethyl-Acetoacetat
Molmasse / g mol^{-1}	130,13
Siedepunkt / °C	180 – 181,2
Dichte / g cm^{-3}	1,0246 (20°C)
Dampfdruck / kPa	0,1 (20°C)
Wasserlöslichkeit / g l^{-1}	125 (16°C)
Toxizität	Nicht gesundheitsgefährdend
Kosten	Vergleichbar Aceton

Tabelle 4: Physikalisch-chemische Eigenschaften von Ethyl-Acetoacetat

4.6.1. Absorption

Wie in Abbildung 13 dargestellt, zeigt Ethyl-Acetoacetat im ultravioletten Spektralbereich einen Absorptionsquerschnitt bei 266 nm, der annähernd doppelt so groß ist wie der von Aceton. Xu et al. [50] bestimmte den Querschnitt für Aceton in wässriger Lösung bei 266 nm zu $0{,}66\times10^{-19}cm^2$/Molekül, und ist somit ungefähr 8% kleiner als der in dieser Arbeit bestimmte Wert.

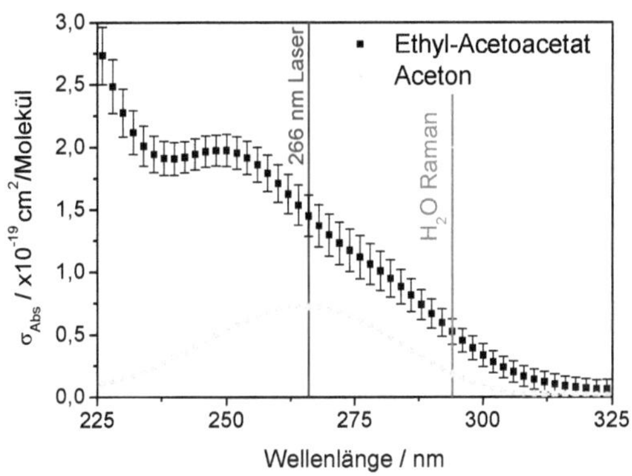

Abbildung 13: Aus den Transmissionsspektren berechnete, wellenlängenabhängige Absorptionsquerschnitte von Ethyl-Acetoacetat und Aceton in wässriger Lösung. Die spektralen Positionen des im Experiment eingesetzten Anregungslasers sowie der Raman-Bande von Wasser sind als vertikale Linien im Diagramm eingetragen.

In Abbildung 14 ist die Transmission von wässrigen EAA-Lösungen für die Anregungswellenlängen 266 nm, 294 nm und 420 nm dargestellt. Dies sind, neben der Wellenlänge des in den Experimenten verwendeten Lasersystems, die Wellenlängen der Ramanstreuung sowie der maximalen Fluoreszenzintensität des Tracers.

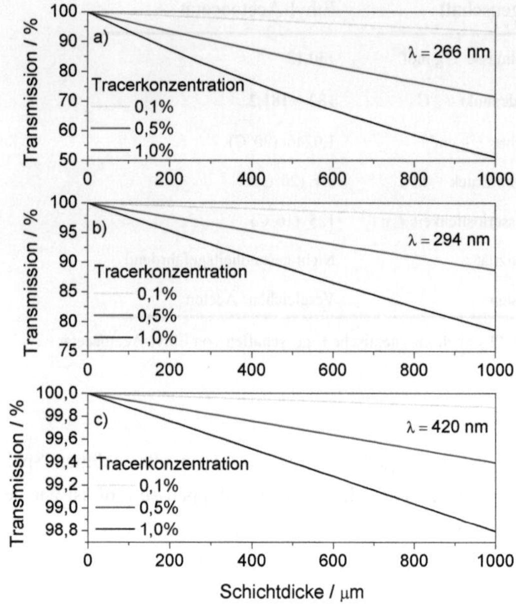

Abbildung 14: Transmission von wässrigen EAA-Lösungen von Licht einer Wellenlänge von 266 nm (a)), 294 nm (b)) und 420 nm (c)) in Abhängigkeit der Schichtdicke für die Tracerkonzentrationen 0,1, 0,5 sowie 1,0 Gew.-%.

Berechnet wurde die Transmission mit Hilfe des Lambert-Beer'schen Gesetzes mittels den in Abbildung 13 dargestellten Absorptionskoeffizienten für die entsprechende Wellenlängen. Es ist ersichtlich, dass mit steigender Anregungswellenlänge aufgrund des kleiner werdenden Absorptionsquerschnitts die Transmission der Lösung zunimmt. Während bei einer Anregungswellenlänge von 266 nm, einer Schichtdicke von 1000 µm und einer Konzentration von 1,0 Gew.-% ca. 50% des Lichtes absorbiert werden, sind dies bei einer Wellenlänge von 420 nm lediglich noch 1,0%. Weiter ist erkennbar, dass mit steigender Konzentration absorbierender Moleküle die Transmission erwartungsgemäß abnimmt.

4.6.2. Fluoreszenz

EAA-Fluoreszenz in wässriger Lösung tritt bei Anregung mit 266 nm im sichtbaren Spektralbereich von 320–550 nm mit einem Maximum bei 420 nm auf (Abbildung 15). Eine spektrale Separation von elastisch gestreutem Anregungslicht kann somit effizient über Farbglasfilter realisiert werden (z.B. Schott WG 320). Ebenfalls erkennbar ist ein Peak im Spektrum im Bereich von 285 bis 300 nm, welcher wiederum der Stokes-verschobenen Raman-Streuung von Wasser zugeordnet werden kann (vgl. Abbildung 4) [40].

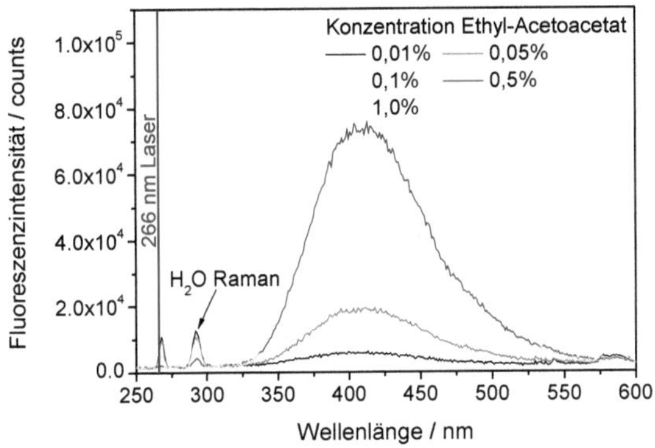

Abbildung 15: Fluoreszenzspektren von EAA-Wasserlösungen als Funktion der Tracerkonzentration. Gemessen in einer Küvette mit 10 mm optischer Weglänge.

Abbildung 16 zeigt das im Bereich zwischen 320 und 550 nm spektral integrierte Fluoreszenzsignal sowie das Raman-Streulicht (285–300 nm) als Funktion der Tracerkonzentration in der Lösung. Eine Normierung auf den jeweiligen Maximalwert erlaubt einen besseren relativen Vergleich der Signalintensitätsverläufe. Die Kurve der Fluoreszenzintensität zeigt eine Zunahme der Signalintensität mit steigender Konzentration. Bei geringen Konzentrationen kann dieser Verlauf als linear angenähert werden (vgl. Abbildung 16). Hin zu größeren Konzentrationen nimmt die Steigung der Funktion kontinuierlich ab. In diesem Bereich ist die Abschwächung des Anregungslichtes bereits so stark, dass eine homogene Anregung des gesamten optischen Pfades innerhalb der Messküvette nicht mehr gegeben ist.

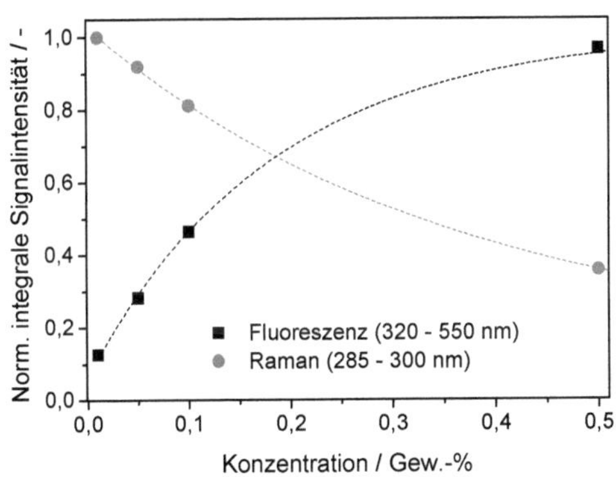

Abbildung 16: Spektral integrierte Fluoreszenz- und Raman-Signalintensität als Funktion der Tracerkonzentration normiert auf den jeweiligen Maximalwert. Die punktierten Linien sind eine Kurvenanpassung an die Messwerte.

Die kontinuierliche Abnahme des Raman-Signals in Abbildung 16 mit steigender Tracerkonzentration ist dafür ein weiteres Indiz, da aufgrund der steigenden Absorption durch die Tracermoleküle weniger Anregungslicht für den Ramanprozess zur Verfügung steht. Zusätzlich kommt es zu einer Absorption des detektierten Raman-Streulichtes bei 294 nm durch Tracermoleküle, die sich zwischen Anregungsstrahl und Küvettenwand befinden, was eine zunehmende Abnahme des Raman-Signals mit zunehmender Tracerkonzentration bewirkt.

4.6.3. Temperaturabhängigkeit

Die Fluoreszenzspektren organischer Moleküle zeigen oft eine ausgeprägte Temperaturabhängigkeit. Diese kann sich zum einen in einer spektralen Verschiebung oder in einer Veränderung der Intensität als Funktion der Temperatur zeigen [53-54]. Zur Charakterisierung des Temperaturverhaltens wurden Proben mit 0,1 Gew.-% EAA in Wasser auf Temperaturen von 20 bis 80°C erhitzt und die Fluoreszenz detektiert. Um die spektralen Fluoreszenzintensitäten bei konstanter Dichte des Lösungsmittels aufzutragen, wurden sämtliche Ergebnisse bzgl. der temperaturabhängigen Dichte korrigiert.

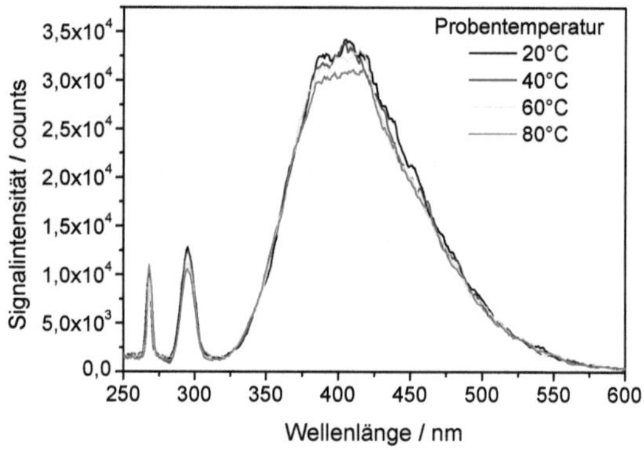

Abbildung 17: Temperaturabhängigkeit der spektral aufgelösten Fluoreszenz einer 0,1 Gew.-%igen Lösung von Ethyl-Acetoacetat in Wasser;

Wie Abbildung 17 zeigt, sinkt die Fluoreszenzintensität mit steigender Probentemperatur. Dieser Effekt ist hauptsächlich im Bereich um 400 nm deutlich, wobei hingegen die Flanken der Bande von der Temperatur unbeeinflusst sind. Eine spektrale Verschiebung des Schwerpunkts der Bande ist im untersuchten Temperaturbereich nicht zu erkennen.

Die Auswertung der spektral integrierten Signalstärken der Fluoreszenz und Ramanstreuung als Funktion der Probentemperatur ist in Abbildung 18 gezeigt. Hier ist eine Abnahme der Fluoreszenz von ca. 4,5% in einem Temperaturbereich von 20 bis 80°C erkennbar. Das Raman-Signal zeigt mit einer Signalabnahme von ca. 16,5% im Bereich von 20–80°C eine deutlichere Abhängigkeit von der Probentemperatur.

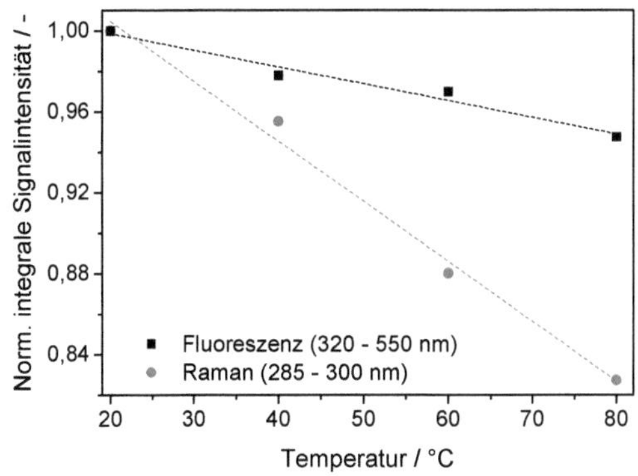

Abbildung 18: Spektral integrierte Intensität des Fluoreszenz- und Ramanspektrums im Bereich von 320 bis 550 nm bzw. 285 bis 300 nm. Sämtliche Werte wurden bezüglich der Dichte korrigiert und auf den jeweiligen Wert bei 20°C normiert. Die gestrichelten Linien stellen Geraden-Anpassungen an die gemessenen Daten dar.

Walrafen [55] untersuchte den Einfluss der Temperatur auf die Intensität des Raman-Signals. Es zeigte sich ein Abfall der Intensität der Raman-Bande im Bereich 3200–3600 cm^{-1} mit steigender Temperatur in einem Bereich von 10 bis 90°C. Aufgrund der spektralen Auflösung seiner Messapparatur war es möglich, die Banden spektral zu separieren um temperaturabhängige Trends zu untersuchen. Dies ist mit den hier verwendeten Spektrometern nicht möglich. Anhand der Form des Streulichtpeaks der Anregung in Abbildung 17 lässt sich darauf schließen, dass der Raman-Peak weitgehend nur die Instrumentenfunktion des Spektrometers wieder spiegelt.

4.6.4. Photochemische Zersetzung

Die photochemische Zersetzung führt zu einem kontinuierlichen Verlust an Fluorophoren durch die Bestrahlung mit dem Anregungslicht. Insbesondere für Verdampfungsuntersuchungen, bei denen die Probe über einen Zeitraum von bis zu mehreren Minuten einer immerwährenden UV-Bestrahlung ausgesetzt ist, kann es zu einer Zerstörung der Moleküle kommen, so dass die Fluoreszenzeigenschaften der Probe verändert werden.

Zur Untersuchung des Tracers Ethyl-Acetoacetat wurde ein abgeschlossenes Probenvolumen über einen Zeitraum von 700 s mit 7000 Laserpulsen bestrahlt und die Fluoreszenz detektiert (Abbildung 19). Die Laserenergie betrug 12 mJ / Puls bei einem aufgeweiteten Laserstrahl von 30 mm Durchmesser und liegt damit bei einem Laserfluss von 1,4 mJ cm^{-2}. Jeder Datenpunkt entspricht einer Mittelung über 100 Laserpulse. Als Kontrolle wurde ebenfalls simultan das Raman-Signal der Probe detektiert um Veränderungen der Laserenergie oder des Probenvolumens beobachten und korrigieren zu können.

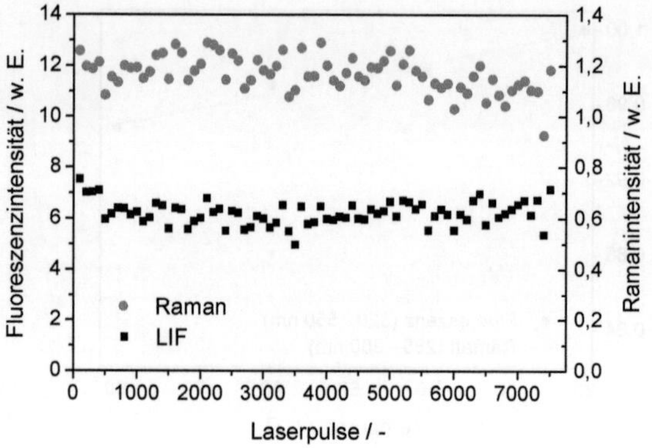

Abbildung 19: Signalintensität einer 0,1 Gew.-%igen Lösung von EAA in Wasser als Funktion der Anzahl der Laserpulse.

4.6.5. Sättigung der Fluoreszenzintensität

Die für die Schichtdickenmessungen eingesetzte LIF an Tracermolekülen soll sich im linearen Bereich der Anregungsenergie abspielen. Dies bedeutet, dass ein linearer Zusammenhang zwischen der eingestrahlten Laserenergie und der detektierten Fluoreszenzintensität bestehen soll. Hierzu wurde ein mit 0,1 Gew.-% EAA versetzter Wasserfilm bekannter Schichtdicke (400 µm) mit verschiedenen, bekannten Laserflüssen bestrahlt und die Fluoreszenz detektiert. In Abbildung 20 ist erkennbar, dass bei geringen Laserflüssen ein als linear anzunähernder Zusammenhang besteht. Wird der Laserfluss gesteigert, ergibt sich eine immer größer werdende Abweichung von einem linearen Verlauf, der durch die gestrichelte rote Gerade in Abbildung 20 dargestellt wird.

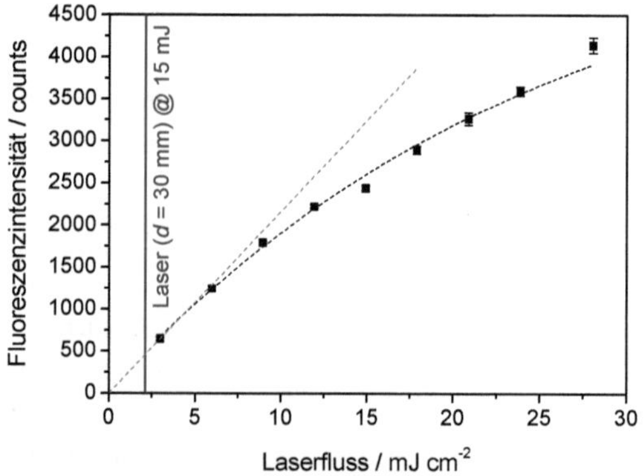

Abbildung 20: Fluoreszenzintensität als Funktion des Laserflusses, die rote gestrichelte Gerade ist eine lineare Extrapolation der Messwerte im Bereich von 0 bis 6 mJ cm^{-2}. Die vertikale blaue Linie zeigt den Laserfluss, der sich für einen Strahldurchmesser von 30 mm und eine Pulsenergie von 15 mJ ergibt.

Da eine Sättigung des optischen Übergangs für die durchgeführten Experimente vermieden werden soll, muss die eingestrahlte Energiedichte in den Experimenten unterhalb von 6 mJ cm^{-2} liegen. Die senkrechte blaue Linie in Abbildung 20 markiert den Laserfluss, der bei einer Pulsenergie von 15 mJ und einem Strahldurchmesser von 30 mm bestehen würde. Da die in dieser Arbeit durchgeführten Experimente alle mit geringeren Pulsenergien durchgeführt wurden, ist die Anforderung einer linearen LIF erfüllt.

4.7. Tracerauswahl

Eine Untersuchung der Markersubstanzen Benzylalkohol und Ethyl-Acetoacetat zeigt deren Eignung für die Messung von Flüssigkeitsfilmen mittels der Laser-induzierten Fluoreszenz sowie der spontanen Ramanstreuung.

Beide Tracersubstanzen weisen ähnliche Verdampfungseigenschaften auf und stellen für die Messung der Schichtdicke von wässrigen Filmen eine deutliche Verbesserung zu Tracern wie Aceton dar.

Benzylalkohol zeigt eine sehr starke Fluoreszenzintensität schon bei geringen Tracerkonzentrationen. Jedoch ist die Rotverschiebung der Fluoreszenz relativ zur Anregungswellenlänge von 266 nm nicht groß genug, um das interessierende Raman-Signal von Wasser wirksam spektral abtrennen zu können. Aus diesem Grunde kann der Tracer Benzylalkohol nicht für die simultane Detektion mittels LIF und Ramanstreuung von Wasserfilmen verwendet werden.

Ethyl-Acetoacetat weißt bei Anregung mit 266 nm eine hinreichend große Rotverschiebung auf, so dass eine spektrale Trennung des Raman-Signals von der Tracerfluoreszenz realisiert werden kann. Aufgrund der spektralen sowie thermodynamischen Eigenschaften des Tracers, wurde dieser für die Messung von wässrigen Flüssigkeitsfilmen in dieser Arbeit ausgewählt.

5. Versuchsaufbauten

In diesem Kapitel werden die verwendeten Geräte sowie die Versuchsaufbauten vorgestellt. Diese unterteilen sich zum einen in grundlegende Untersuchungen und Filmmessungen in einer technischen Umgebung, in einem Strömungskanal.

5.1. Verwendete Geräte

Der folgende Abschnitt soll einen Überblick und eine Einführung in die verwendeten Geräte für die Filmdickenuntersuchungen liefern. Nach einer Beschreibung des Lasersystems sowie der bildverstärkten Kamera wird auf das Einspritzsystem zur Erzeugung der Filme inklusive des verwendeten Injektors eingegangen.

5.1.1. Nd:YAG-Laser

Nd:YAG-Laser sind Lasersysteme, die in der Industrie sowie auch in der Forschung ein breites Anwendungsspektrum abdecken. Sie bieten eine große Robustheit und leichte Handhabung bei gleichzeitig hoher Leistungsabgabe. Nd:YAG ist eine Abkürzung für Neodym-dotiertes Yttrium-Aluminium-Granat (Nd:$Y_3Al_5O_{12}$). Der YAG-Kristall ist mit einem aktiven Medium dotiert, in diesem Fall dreiwertigem Neodym, das Yttrium-Ionen ersetzt. In der Regel beträgt der Grad der Dotierung ein Massenprozent [56]. Gepumpt wird das System entweder über Blitzlampen, oder bei modernen Systemen mit Laserdioden, deren optische Pumpeffizienz aufgrund der guten Überlappung von Emissionsspektrum mit dem Absorptionsspektrum des Lasermaterials wesentlich höher ist. Bei durch Blitzlampen gepumpten Systemen liegt die Wiederholrate typischerweise im Bereich zwischen 10 und 100 Hz. Diodengepumpte Systeme können bei Wiederholraten bis zu mehreren kHz betrieben werden. Der effizienteste Laserübergang des Nd:YAG Lasers liegt bei einer Wellenlänge von 1064 nm, was die Fundamentalwellenlänge des Systems darstellt [37, 57-58]. Eine Pockelszelle im Resonator des Lasers arbeitet als ein Güteschalter (Q-Switch) welcher Laserpulse mit Pulslängen von 5 bis 9 ns erzeugt.

Die Fundamentalwellenlänge von 1064 nm wird in einem nichtlinearen Kristall aus Kalium-Dihydrogen-Phosphat (KDP) konvertiert. Dieser befindet sich hinter dem Resonator im Strahlengang und konvertiert die Fundamentalwellenlänge in eine Wellenlänge von 532 nm. Ein zweiter Kristall aus Beta-Bariumborat (BBO) (BaB_2O_4) sorgt für die Konversion in die Wellenlänge von 266 nm.

Die hohen Pulsenergien sowie kurzen Pulslängen machen Nd:YAG-Laser zu einem nützlichen Werkzeug für die LIF- und Raman-Messungen in dieser Arbeit.

5.1.2. ICCD Kamerasystem

Für die Fluoreszenz- und Raman-Messungen in dieser Arbeit wird ein bildverstärktes CCD-Kamerasystem verwendet. "CCD" steht für charge-coupled device und meint ein zweidimensionales Halbleiterdetektorarray, in dem ankommende Photonen aufgrund des photoelektrischen Effektes Elektronen-Lochpaare erzeugen und darüber die quantitative Messung von Lichtintensitäten ermöglichen. Durch Anlegen einer Spannung können Ladungsbarrieren erzeugt werden, die dazu führen, dass sich die ausgelösten Elektronen in kleinen Feldern, den Pixeln, ansammeln. Diese angesammelte Ladung innerhalb eines Pixels wird als proportional zum eingefallenen Licht angesehen und ist durch einen Maximalwert der Ladungsmenge pro Pixel beschränkt. Nach der Belichtung werden die angesammelten Ladungen zum Verstärker transportiert. Dies geschieht über ein Schieberegister, in dem die Ladungen zeilenweise von Pixel zu Pixel verschoben werden, um am Ende einer Zeile pixelweise ausgelesen zu werden. Ein zentraler Verstärker generiert ein analoges Signal das proportional zur angesammelten Ladungsmenge des Pixels ist. Dieses Signal wird anschließend über einen A/D-Wandler digitalisiert.

Zur Detektion von schwachen Signalintensitäten, wie sie bei der Laser-induzierten Fluoreszenz oder der spontanen Ramanstreuung auftreten, reicht die Sensitivität eines CCD-Detektors alleine nicht aus, so dass eine Verstärkung der ankommenden Photonen nötig ist. Das Schema eines Bildverstärkers ist in Abbildung 21 gezeigt. Die Photonen des auf das Eintrittsfenster fallenden Lichts, lösen aus der dahinter angeordneten Photokathode aufgrund des photoelektrischen Effektes Elektronen aus. Die in dieser Arbeit verwendete Kamera besitzt eine Photokathode, die in einem Wellenlängenbereich von 190 bis 800 nm empfindlich ist. Die maximale Empfindlichkeit liegt bei ca. 400 nm. Während der Belichtungszeit wird das anliegende Potential der Photokathode von +50 auf –180 V geschaltet, so dass die ausgelösten Elektronen die Micro Channel Plate (MCP) nur während dieses Zeitintervalls erreichen können. Diese MCP ist ein Elektronenverstärker, der aus einer dünnen Glasplatte (0,5 mm) mit einer hohen Anzahl an parallelen Kanälen mit einem typischen Durchmesser von 10 μm besteht.

Eine MCP mit einem Durchmesser von 25 mm besitzt annähernd 1,5 Millionen dieser Kanäle, welche alle unter einem kleinen Winkel zur Mittelachse der MCP angeordnet sind. Dadurch wird die Wahrscheinlichkeit erhöht, dass ein Elektron beim Durchgang durch die MCP mit den Kanalwänden kollidiert. Jedes kollidierende Elektron löst aus der Kanalwand weitere Elektronen aus, die aufgrund des großen Potentialgradienten beschleunigt werden und durch erneute Kollisionen weitere Elektronen herauslösen. Das Resultat ist eine Verstärkung bis zu einem Faktor von 1000. Das Austrittsfenster besteht aus einer Faseroptik, die von einem lumineszierenden Phosphorschirm bedeckt ist, auf den die Elektronen prallen. Der Phosphor ist mit einer Aluminiumschicht überzogen welche als Spiegel fungiert. Dies garantiert eine geringe optische Transparenz des Bildverstärkers. Emittiertes Licht des Phosphors wird in Richtung des CCD-Chips reflektiert und gleichzeitig wird Restlicht, welches durch das Eintrittsfenster, die Photokathode und die MCP gelangt rückreflektiert.

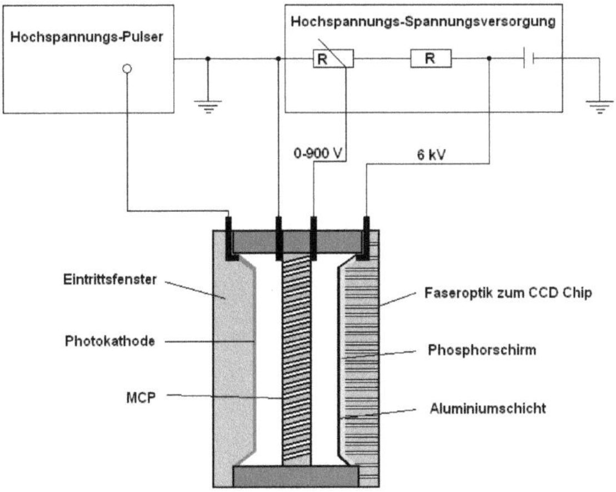

Abbildung 21: Bildverstärker, bestehend aus Eintrittsfenster, Photokathode, der Micro Channel Plate (MCP), dem Phosphorschirm inkl. der Aluminiumschicht und der Faseroptik zur Projektion des Bildes auf den CCD-Chip sowie im oberen Teil der Abbildung der Aufbau der elektrischen Schaltung der Elemente [57].

5.1.3. Einspritzsystem

Um den technischen Vorgang der Besprühung von Wänden bei der Harnstoff-Wasser-Einspritzung beim SCR-Verfahren zu simulieren, wurde ein Einspritzsystem entwickelt, das reproduzierbare Sprühstrahlen erzeugt und Flüssigkeitsfilme auf einer Platte aufbringt.

Hierbei kann zwischen zwei getrennten Flüssigkeitstanks ausgewählt werden, so dass das System mit zwei verschiedenen Tracerlösungen oder Reinigungsflüssigkeiten befüllt werden kann. Einspritzdrücke zwischen 1 und 5 bar können mittels eines Gasdruckspeichers stufenlos variiert werden. Die Anzeige des eingestellten Einspritzdrucks erfolgt über ein Manometer an der Vorderseite des Systems. Eine kontinuierliche Variation der Einspritzdauer ist im Bereich von 1 bis 1000 ms möglich.

Das externe Ansteuern der Elektronik erlaubt eine Triggerung des Injektors zu externen Ereignissen (z.B.: Laserpuls), welche insbesondere für phasenaufgelöste Messaufgaben unabdingbar ist. Des Weiteren ist eine händische Auslösung des Einspritzvorgangs möglich. Der Schaltplan der Ansteuerelektronik sowie ein Verrohrungsplan befinden sich im Anhang der Arbeit (Kapitel 12).

Abbildung 22: Einspritzsystem

5.1.4. Injektor

Das Aufbringen der Flüssigkeitsfilme wird mit einem Bosch-Injektor durchgeführt, wie er auch in Fahrzeugen mit SCR-Abgasnachbehandlungssystem verbaut ist. Es handelt sich hierbei um einen Drei-Loch-Injektor mit einem maximalen Einspritzdruck von 5 bar, der ohne Luftunterstützung arbeitet.

Parameter	
Max. Dosierdruck / bar	5
Anzahl der Düsen	3
Umfangswinkel / °	120
Düsendurchmesser / mm	0,125
Kegelwinkel / °	18 ± 2
Einzelkegelwinkel / °	14
Sauterdurchmesser / µm	85 (±σ = 10)

Tabelle 5: Daten Bosch-Injektor

Das Auswiegen der eingespritzten Flüssigkeitsmasse als Funktion der Einspritzdauer zeigt wie erwartet lineare Zusammenhänge (Abbildung 23). Es ist erkennbar, dass bis hin zu einer minimalen Einspritzdauer von 1 ms eine Einspritzung realisierbar ist.

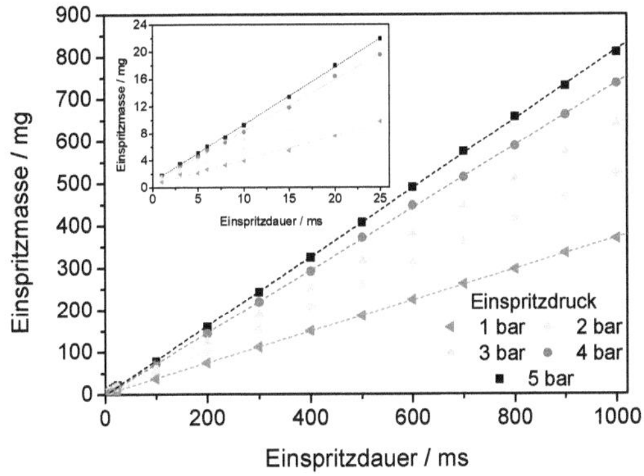

Abbildung 23: Einspritzmasse als Funktion der Einspritzdauer sowie des Einspritzdrucks eines Bosch Drei-Loch-Injektors, Inset: Vergrößerung des Bereichs von 0 bis 25 ms Einspritzdauer.

5.2. Grundlegende Untersuchungen

Die zu vermessenden Wasserfilme werden auf einer transparenten Quarzglasplatte aufgebracht und mit einem frequenzvervierfachten Nd:YAG Laser (266 nm) mit einer Pulsenergie von 12±1 mJ bei einer Wiederholrate von 10 Hz zur Fluoreszenz angeregt (s. Abbildung 24). Über ein Pellin-Broka-Prisma sowie über weitere Umlenkspiegel (HR 266 nm, HT 1064 + 532 nm) wird restliches, nicht frequenzvervierfachtes Laserlicht abgespalten. Abschließend wird über einen Strahlhomogenisierer (Light Shaping Diffuser K10U3MDH25, Bfi Optilas) in Verbindung mit einer sphärischen Sammellinse der Laserstrahl auf einen Durchmesser von 30 mm aufgeweitet. Die Anregung des Films erfolgt von der Unterseite, so dass die Fläche des Films, durch die der Laserstrahl eintritt immer als ideal eben angesehen werden kann. Für die in diesem Kapitel gezeigten Grundlagenuntersuchungen ist dies von Vorteil, da so das Eindringen des Laserstrahls in den Film immer unter identischen geometrischen Bedingungen erfolgt. Wie in Kapitel 6.3 ausgeführt, wird die Pulsenergie über die simultan angeregte Fluoreszenz aus einer Farbstoffküvette detektiert und in jedem Messbild abgespeichert. Das zu detektierende Signal wird in Rückwärtsstreuung über einen Aluminiumspiegel auf den Chip einer intensivierten CCD Kamera (LaVision, StreakStar) projiziert. Hierbei handelt es sich um eine bildverstärkte Kamera mit einem dynamischen Bereich von 14 Bit. Die maximale Bildaufnahmerate ist auf einen Wert von 5 Hz beschränkt. Als Abbildungssystem wird ein UV-transparentes Objektiv der Firma Coastal Optics mit einer Brennweite von 105 mm und einer Blendenzahl von $f_{\#} = 4{,}5$ verwendet. Da das Signal der Tracerfluoreszenz sowie das Raman-Signal simultan detektiert werden sollen, kommt ein Image-Doubler (LaVision) zum Einsatz, welcher vor dem Objektiv montiert ist. Dieser erzeugt über ein verspiegeltes Prisma und zwei Umlenkspiegel zwei räumlich nebeneinander liegende Bilder des Objekts auf dem Kamerachip.

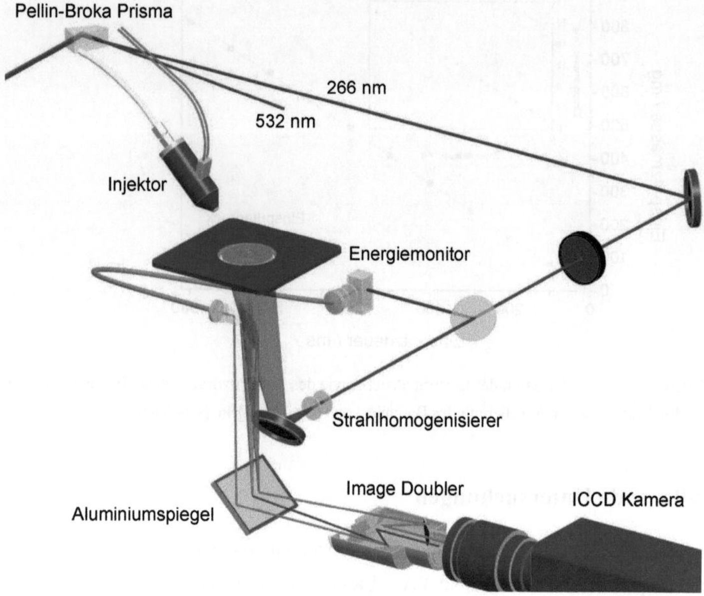

Abbildung 24: Versuchsaufbau für die zweidimensionale simultane Raman- und LIF-Bildgebung von Flüssigkeitsfilmen auf einer transparenten Quarzoberfläche mittels zwei getrennter Detektionskanäle.

Zur spektralen Separation wird jeder der beiden Kanäle mit der entsprechenden Filterkombination ausgestattet. Für den Ramankanal wird ein Bandpassfilter (Laser Components, BP290-315) mit einem Transmissionsbereich von 290 bis 315 nm verwendet, der die Fluoreszenz des Tracers unterdrückt. Im LIF-Kanal wird eine Kombination aus einem Schott WG320 Farbglasfilter zur Unterdrückung von Laserstreulicht und einem Schott NG5 Graufilter verwendet, der eine Transmission im Wellenlängenbereich von 400 bis 600 nm von 25% besitzt (siehe Transmissionsspektren im Anhang) und somit das im Vergleich zum Raman-Signal sehr starke Fluoreszenzsignal auf ein vergleichbares Intensitätsniveau abschwächt. Zwischen Image-Doubler und Objektiv befindet sich noch ein Kantenfilter (Semrock, RazorEdge 266RS) zur weiteren Unterdrückung von Laserstreulicht in beiden Detektionskanälen. Die Transmissionsspektren sämtlicher in dieser Arbeit verwendeten Filter sind im Anhang (Kapitel 12.2) dargestellt.

Wasserfilme werden auf zwei verschiedene Arten erzeugt. Zum einen durch Aufbringen eines Flüssigkeitstropfens mit Hilfe einer Pipette und anschließende mechanische Formgebung. Hier ist es möglich die Filmgröße und die Kontur anzupassen.

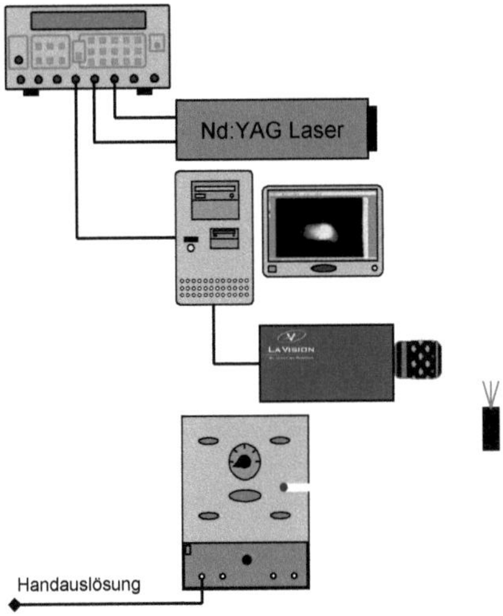

Abbildung 25: Triggerschema von Laser und Kamerasystem. Der Injektor wurde von Hand angesteuert.

Im Hinblick auf die technische Anwendung wird außerdem ein kommerzieller Drei-Loch-Injektor (Bosch), wie er für SCR-Systeme in PKWs eingesetzt wird, verwendet. Die wässrige Lösung wird mit einem Einspritzdruck von 1 bar in einem Abstand von 50 mm bei einem Winkel von ca. 55° zur Plattenoberfläche aufgebracht. Während das Triggern von Laser und Kamerasystem über einen Pulsgenerator (Stanford Research Systems, Digital Delay/Pulse Generator DG535) erfolgt, wird die Ansteuerung des Einspritzsystems über eine händische Auslösung durchgeführt (Abbildung 25). Die Quarzplatte kann von der Unterseite mittels eines Heißluftföns angeströmt werden um die Verdampfungsgeschwindigkeit des Films während der Verdampfungsmessungen zu erhöhen. Ein Thermoelement bestimmt die Temperatur der Quarzglasoberfläche.

5.3. Strömungskanal

Im Anschluss an die grundlegenden Versuche auf einer transparenten Oberfläche wird in diesem Abschnitt der Versuchsaufbau für Filmdickenmessungen in einem Strömungskanal erläutert (Abbildung 26), welcher mit optischen Zugängen in Form von großflächigen Quarzfenstern ausgestattet ist. Über ein Gebläse mit vorgeschalteter Drosselklappe können maximale Strömungsgeschwindigkeiten von bis zu 12 m s^{-1} in der Kanalmitte erzielt werden. Der Kanal besitzt einen quadratischen Querschnitt von 50×50 mm^2.

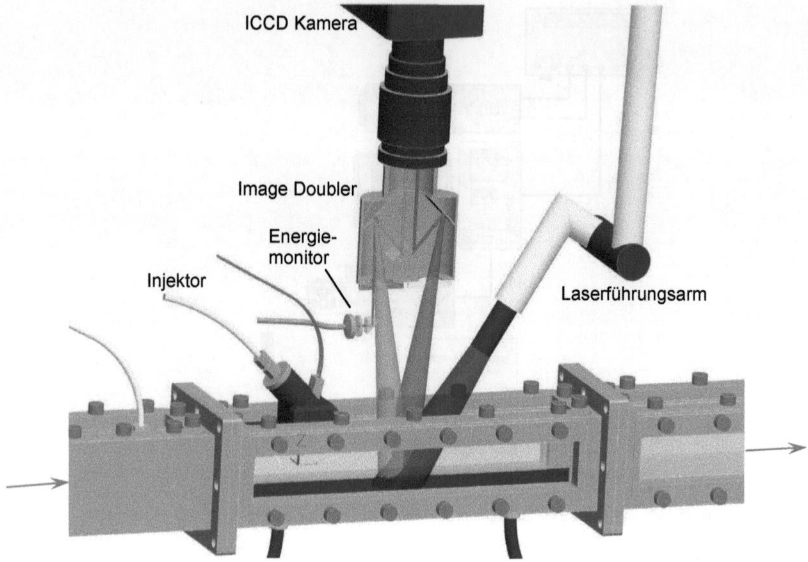

Abbildung 26: Versuchsaufbau Strömungskanal, bestehend aus Laserführungsarm zur Strahleinkopplung, Image-Doubler zur Bilddopplung, Energiemonitor und ICCD Kamera. Die roten Pfeile deuten die Richtung der Luftströmung an.

Das Strömungsprofil in der Ebene senkrecht zur Strömungsrichtung wurde mit einem Prandtlrohr gemessen (Abbildung 27). Dies erfolgt in einem Abstand in y-Richtung von 5 mm für drei verschiedene z-Positionen. Die Messung war auf den mittleren Bereich der Kanalhöhe (–15 bis 15 mm) beschränkt, da nur hier die Zugänglichkeit für das Prandtl-Rohr gegeben war. Abbildung 27 zeigt das Strömungsfeld in der y-z-Ebene, an der Position in Strömungsrichtung (x-Richtung) an der auch die Flüssigkeitsfilme aufgebracht wurden. Erkennbar ist hier eine maximale Geschwindigkeit von 7,5 m s^{-1} in der Kanalmitte mit einer Abnahme zu den Rändern hin.

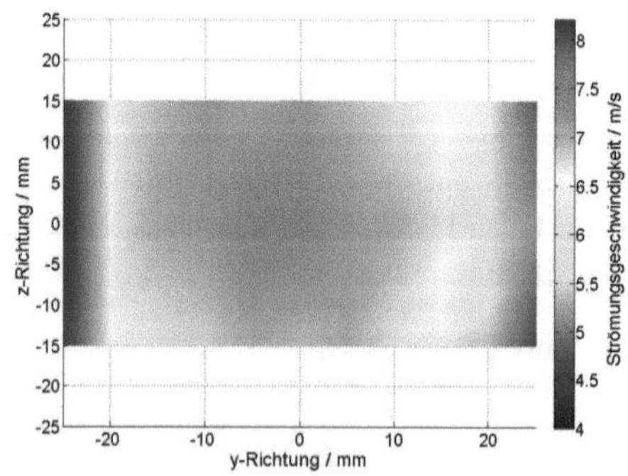

Abbildung 27: Geschwindigkeitsprofil im Strömungskanal

Als Oberfläche, auf der die Flüssigkeitsfilme aufgebracht werden, dient eine schwarz eloxierte Aluminiumplatte, die über eingefräste mäanderförmige Kanäle mit Wasser aus einem Thermostaten beheizt werden kann. Die maximal erreichbare Wandtemperatur beträgt 75°C. Die Filme werden mit dem in Kapitel 5.1.3 vorgestellten Einspritzsystem und dem in Kapitel 5.1.4 beschriebenen Injektor bei einem Einspritzdruck von 1 bar aufgebracht. Der Injektor ist mittig in der oberen Kanalwand unter einem Winkel von 45° und einem Abstand von ca. 70 mm zur unteren Wand (Filmoberfläche) positioniert. Die Einspritzdauer beträgt für sämtliche Experimente 300 ms. Der Fluoreszenz- bzw. Ramanprozess wird mittels eines frequenzvervierfachten Nd:YAG-Lasers (Litron Lasers, Nano L PIV) bei einer Pulsenergie von 6 mJ pro Puls und einer Wiederholrate von 10 Hz angeregt. Der Laserstrahl wird in einen Führungsarm eingekoppelt und abschließend mit einer Zerstreuungslinse auf einen Durchmesser von ca. 45 mm in der Objektebene aufgeweitet. Über den in Kapitel 6.3 beschriebenen Energiemonitor ist es auch hier möglich, Änderungen der Pulsenergie simultan auf jedem Bild zu protokollieren. Der Aufbau zur Detektion entspricht jenem aus Kapitel 5.2, bestehend aus Image-Doubler, entsprechenden Filtern sowie der bildverstärkten CCD Kamera (vgl. Abbildung 24).

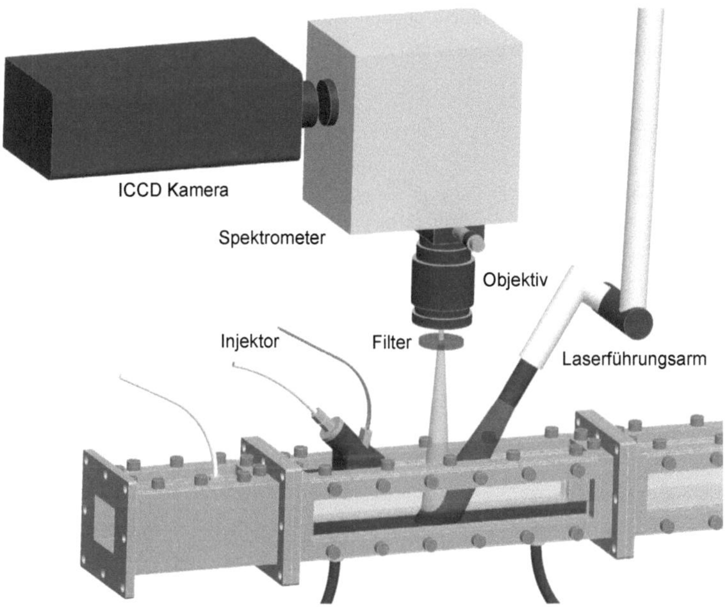

Abbildung 28: Versuchsaufbau Strömungskanal, bestehend aus Laserführungsarm zur Strahleinkopplung, Objektiv, Spektrometer und ICCD Kamera.

Mögliche unerwünschte Signalbeiträge von Laser-induzierter Lumineszenz der Oberfläche selbst können die Schichtdickenmessung stark beeinträchtigen. Zur Abschätzung des Signalbeitrags, der von der Aluminiumoberfläche ausgeht, auf der die Flüssigkeitsfilme aufgebracht werden, wurde ein Spektrometeraufbau realisiert um spektral aufgelöste Informationen bezüglich auftretender Störsignale zu erhalten (Abbildung 28). Der Eintrittsspalt des verwendeten Spektrometers (SpectraPro, Mod. 2150i) wurde auf 200 µm eingestellt. Als Detektor diente die auch für die bildgebenden Messungen verwendete ICCD-Kamera. Zur Minimierung des elastischen Streulichts auf dem Detektor wurde der bereits in Kapitel 5.2 beschriebene Langpass-Kantenfilter benutzt. Dieser vereint eine hohe Unterdrückung der Anregungswellenlänge bei gleichzeitig hoher Transmission für Wellenlängen größer 266 nm. Als Referenzoberfläche wurde eine sandgestrahlte unbehandelte Aluminiumoberfläche verwendet, welche mit dem Laser bei 266 nm mit einer Pulsenergie von 6 mJ, was einem Laser-Fluss von annähernd 0,4 mJ cm^{-2} entspricht, angeregt wurde. Vergleichend hierzu wurde eine schwarz eloxierte Oberfläche untersucht. Wie in Abbildung 29 ersichtlich, beobachtet man eine breite Fluoreszenzbande im Spektralbereich 300–600 nm mit einem Maximum bei ca. 450 nm. Für die beiden untersuchten Oberflächen ist die Form des Spektrums unabhängig von der Oberflächenbehandlung. Die Verwendung der schwarz eloxierten Fläche verringert dieses Signal jedoch um einen Faktor von zwölf. Durch die Schwärzung ist das verbliebene Hintergrundsignal soweit abgeschwächt, dass es mittels einer Hintergrundaufnahme (Messung ohne Flüssigkeitsfilm) in der späteren Messung abgezogen werden kann.

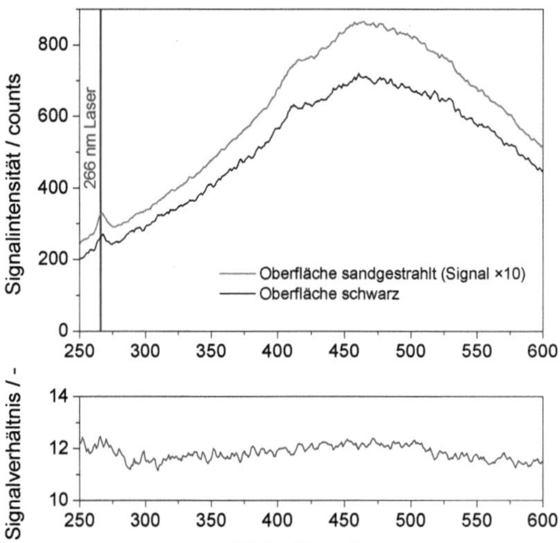

Abbildung 29: Oberes Diagramm: Laser-induziertes Emissionsspektrum der schwarz eloxierten Aluminiumoberfläche (schwarze Kurve), auf der die Filme aufgebracht werden. Als Referenz dient eine sandgestrahlte Aluminiumoberfläche (rote Kurve, um Faktor 10 verkleinert). Unteres Diagramm: Signalverhältnis $I_{sandgestrahlt}$ / $I_{schwarz}$ der beiden spektralen Intensitäten; Anregung bei 266 nm.

6. Bildverarbeitung

Ein Rohbild, wie es mit dem in Kapitel 5.1.2 vorgestellten Kamerasystem aufgenommen wurde, muss einige Schritte der Bildnachbearbeitung durchlaufen, bevor es in ein quantitatives Schichtdickenprofil umgerechnet werden kann. Sämtliche Schritte der Bildbearbeitung wurden in dem Programm LaVision DaVis 6.2 durchgeführt, welches auch zur Steuerung des Kamerasystems verwendet wird. Auf die einzelnen Schritte wird gemäß Abbildung 30 im folgenden Abschnitt eingegangen.

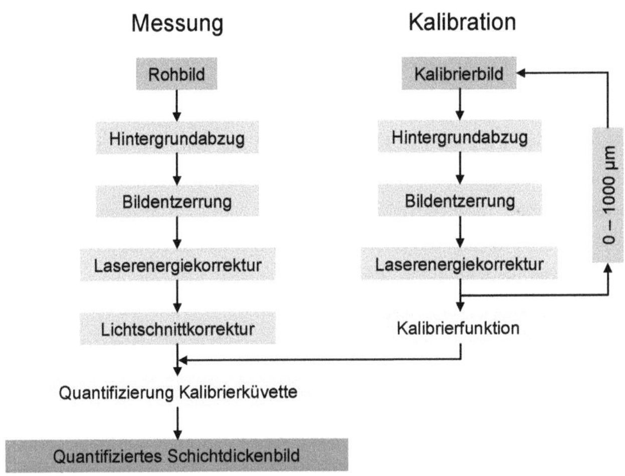

Abbildung 30: Ablaufdiagramm der durchgeführten Schritte der Bildbearbeitung zur Quantifizierung eines aufgenommenen Intensitätsbildes in ein zweidimensionales Schichtdickenprofil eines Flüssigkeitsfilms.

6.1. Hintergrundabzug

In der Bildnachbearbeitung wird in einem ersten Schritt der Hintergrundabzug durchgeführt. Hierfür wurde ein über 50 Einzelbilder gemitteltes Bild bei eingeschaltetem Laser ohne Flüssigkeitsfilm aufgenommen und von jedem Messbild subtrahiert. Somit kann auftretendes Restsignal von Fluoreszenzen von Verunreinigungen der Quarzoberfläche vom Messbild abgezogen werden.

6.2. Bildentzerrung und Mapping

Anschließend folgt der Prozess der Bildentzerrung und des Mappings. Das Auswerteprogramm DaVis bietet hierfür eine implementierte Routine zur Bildentzerrung.

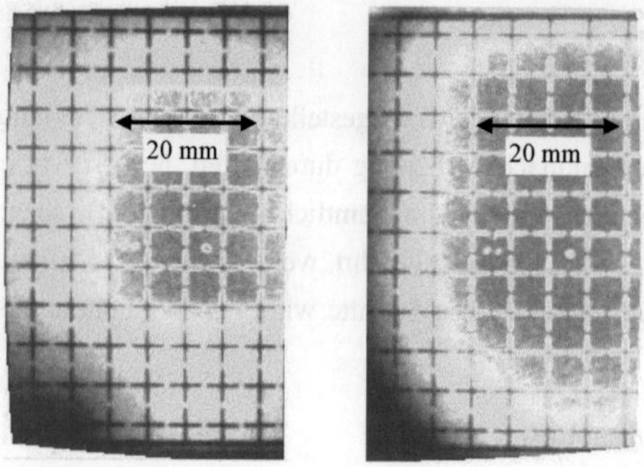

Abbildung 31: Kreuzmuster mit einem Kreuzabstand von 5 mm zur Bestimmung der Dispersion. Links: LIF-Kanal; Rechts: Raman-Kanal des Image-Doublers.

Im Vorfeld der Messung muss mittels des Kamerasystems ein gemitteltes Bild eines Kreuzmusters in der Objektebene aufgenommen werden, welches mit Licht einer Wellenlänge ähnlich der des Fluoreszenz- bzw. Raman-Signals beleuchtet wurde (Abbildung 31). Anschließend wird im Programm der Abstand der Kreuze eingetragen, bevor es die Elemente der Entzerrungsmatrix eigenständig berechnet. Diese Entzerrungsmatrix kann im Anschluss für sämtliche Bilder zur Entzerrung angewendet werden.

Das folgende Bildmapping ordnet die Bilder von LIF- und Ramankanal so an, dass Positionen innerhalb des Bildes des einen Kanals direkt der Position im anderen Kanal zugeordnet werden können.

6.3. Laserenergiekorrektur

Aufgrund von Puls-zu-Puls Schwankungen der Laserenergie ist es nötig, die zu jedem Bild gehörende Anregungsenergie zu detektieren um für eine Intensitätskorrektur diese bei der späteren Bildauswertung berücksichtigen zu können. Hierzu wurde ein Energiemonitor aufgebaut (s. Abbildung 32), der aus einer Farbstoffküvette, einer optischen Glasfaser sowie entsprechender Optik zur Projektion des Fluoreszenzlichtes auf den Kamerachip besteht (s. auch Abbildung 24). Mittels einer Quarzglasplatte, die sich im Strahlengang des Lasers befindet, wird ein kleiner Teil der Laserenergie ausgekoppelt und durch eine Küvette geleitet. Diese ist mit einer Farbstofflösung (Rhodamin B in Ethanol) gefüllt (Konzentration 1,25 mg l^{-1}), die bei Anregung bei 266 nm (Laserstrahlung) im sichtbaren Spektralbereich fluoresziert. Über zwei Sammellinsen wird die Fluoreszenz gebündelt und in eine Glasfaser eingekoppelt. Anschließend wird nach dem Austritt aus der Faser der Strahl leicht aufgeweitet und über ein Prisma in eine Ecke des Kamerachips projiziert. Somit ist es möglich zu jedem aufgenommenen Bild die der Laserenergie proportionale Fluoreszenzintensität aus der Farbstofflösung mit zu detektieren.

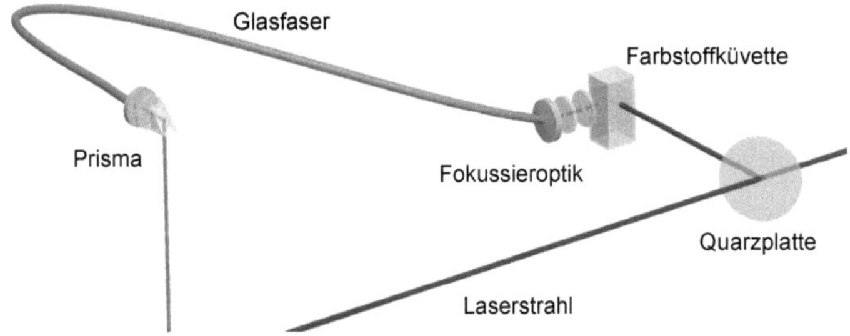

Abbildung 32: Energiemonitor bestehend aus einer Farbstoffküvette, Fokussieroptik, einer Glasfaser als Lichtleiter sowie eines Prismas zur Einkopplung im Bildfeld der Kamera.

Damit diese Korrektur möglich ist, sollte die registrierte Fluoreszenzintensität möglichst linear von der eingestrahlten Laserenergie abhängen. Zur Erstellung der entsprechenden Kalibrierkurve wurde für mehrere bekannte Laserenergien die Fluoreszenzintensität der Rhodamin B Lösung gemessen und ausgewertet. Wie in Abbildung 33 erkennbar, besteht im Energiebereich zwischen 1 und 14 mJ ein annähernd linearer Zusammenhang zwischen der eingekoppelten Energie und der Intensität der Fluoreszenz. Experimente sollten möglichst innerhalb dieses Bereichs durchgeführt werden, was für sämtliche Experimente zutrifft.

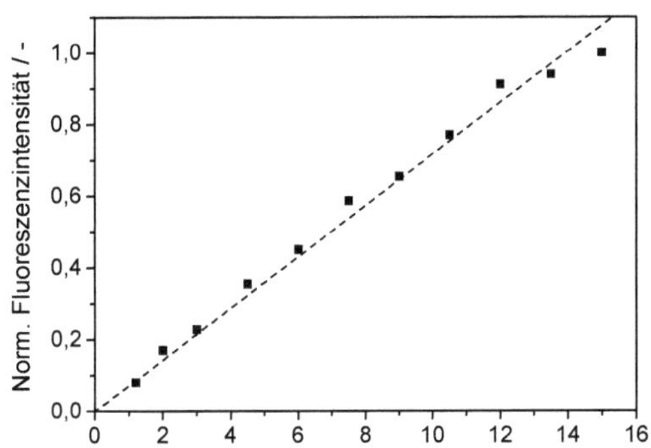

Abbildung 33: Kalibrierkurve Energiemonitor. Die Linie ist eine lineare Kurvenanpassung an die Messwerte.

6.4. Lichtschnittkorrektur

Neben Schwankungen der integralen Laserenergie ist die Intensität innerhalb des Laserstrahlquerschnitts aufgrund der Modenstruktur im Resonator, unterschiedlicher Konversionseffizienzen bei der Frequenzkonversion in nichtlinearen Kristallen oder nicht perfekter Optiken im Strahlengang i.a. inhomogen verteilt. Zur Bestimmung dieser Variationen wurde eine Kalibrierküvette hergestellt, welche aus zwei Quarzgläsern mit einer Dicke von jeweils 2 mm besteht. Diese werden über einen Distanzring auf einen Abstand von 400 µm gehalten. Über zwei Bohrungen im Glas kann dieser Zwischenraum mit der Tracerlösung gefüllt und somit eine homogene Schichtdicke hergestellt werden. Die detektierten, räumlichen Intensitätsvariationen repräsentieren die Energieverteilung im Querschnitt des Laserstrahls und werden daher für eine Korrektur der LIF-Rohbilder verwendet, indem sämtliche Messbilder durch die räumliche Energieverteilung dividiert werden.

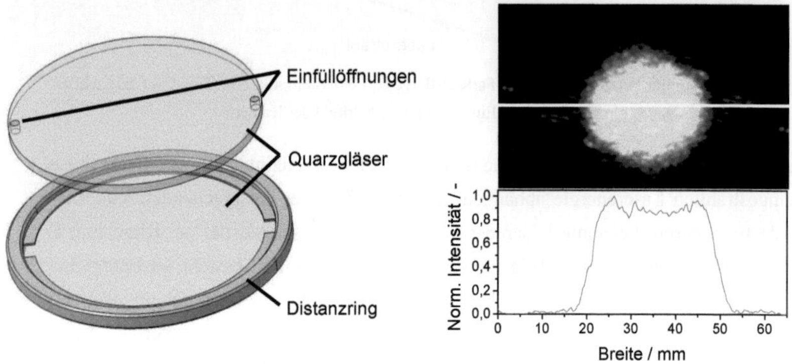

Abbildung 34: Links: Kalibrierküvette bestehend aus zwei Quarzgläsern sowie einem Distanzring (Schichtdicke 400 µm) zur Aufnahme der räumlichen Intensitätsverteilung des aufgeweiteten Laserstrahls sowie zur Referenzmessung der Signalintensität bei bekannter Schichtdicke; rechts: Profil des aufgeweiteten Laserstrahls in der Messebene.

Die Kalibrierküvette wird zudem für die Bestimmung der Signalintensität (bei bekannter Laserenergie) als Normierung für die Schichtdickenmessungen eingesetzt. Die im folgenden Kapitel beschriebene Kalibration liefert eine Aussage über den Zusammenhang zwischen der detektierten Fluoreszenzintensität und der Schichtdicke. Mittels der Kalibrierküvette wird bei einer definierten Schichtdicke die Intensität bestimmt. Mit dieser gemessenen Fluoreszenzintensität, der Bedingung, dass bei einer Schichtdicke von 0 µm die Fluoreszenzintensität Null sein muss, und dem funktionalen Zusammenhang zwischen Schichtdicke und Fluoreszenzintensität (s. Kapitel 7) können gemessene Bilder quantifiziert werden.

7. Kalibration

Die Kalibrierung des Messverfahrens ist notwendig, um die Pixelwerte der Rohbilder in quantitative, zweidimensionale Schichtdickeninformationen umzuwandeln. Hierzu muss ein Zusammenhang zwischen der detektierten Signalintensität und einer bekannten Schichtdicke hergestellt werden. Zur Kalibrierung der Signalintensität wurde eine Kalibrierzelle ähnlich [10, 16] entwickelt (s. Abbildung 35). Sie ermöglicht die Erstellung von Flüssigkeitsfilmen definierter Schichtdicke zwischen zwei polierten Quarzplatten, so dass die Raman- bzw. LIF-Signalintensitäten als Funktion der Filmdicke und mit entsprechender optischer Filterung detektiert werden können.

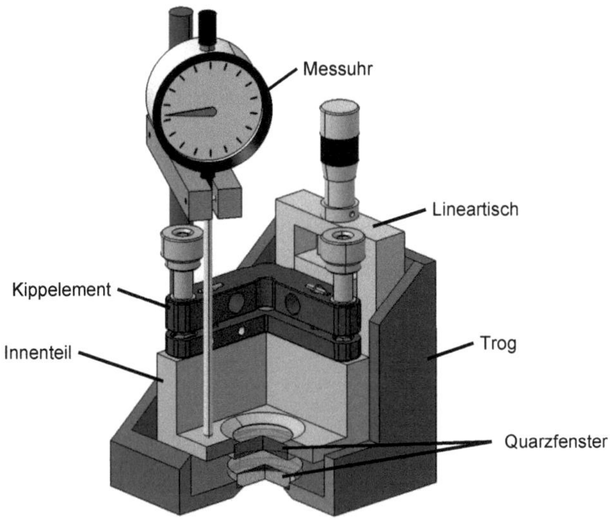

Abbildung 35: Kalibrierzelle

Die Zelle besteht aus einem rechtwinkligen Trog, in den in einer Bodenbohrung eine Quarzscheibe eingeklebt und an dessen senkrechtem Schenkel ein Lineartisch montiert ist. Mittels dieses Verschiebeelements kann das Innenteil, in dem sich die zweite Scheibe befindet, relativ zur Bodenplatte bewegt werden. Um die einander zugewandten Oberflächen beider Quarzplatten parallel zueinander auszurichten, wird ein Kippelement verwendet, welches eine Einstellung um zwei zueinander senkrechte Achsen parallel zur Quarzplatte ermöglicht. Indem in die Außenschale in den Zwischenraum der beiden Gläser die zu vermessende Flüssigkeit gefüllt wird, können definierte Schichtdicken eingestellt werden. Die Bestimmung des eingestellten Abstandes erfolgt über eine Messuhr. Sie bietet eine Einstellgenauigkeit von 1 µm bei einem Messbereich von 0 bis 1 mm. Die Parallelität der beiden Quarzplatten wird mittels eines He-Ne-Lasers justiert, der unter einem kleinen Einfallswinkel durch die Quarzscheiben eingestrahlt wird. Hierbei wird die Reflektivität der Oberflächen ausgenutzt und die reflektierten Strahlen auf einem Schirm abgebildet. Über die Äquidistanz der teilreflektierten Strahlen in unmittelbarer Nähe und in größerer Entfernung von den Platten kann deren parallele Ausrichtung justiert werden. Der Vorteil dieser Zelle besteht darin, dass sie einfach in den Messaufbau der Abbildung 24 anstelle der Quarzplatte installiert werden kann. Somit sind für Kalibration und die eigentliche Messung keinerlei Änderungen im Aufbau von Anregung- und Detektionsoptik notwendig.

In der Kalibrierzelle wird zur Erstellung von Filmen bekannter Schichtdicke die Lösung zwischen zwei Quarzglasplatten gefüllt und anschließend der Abstand eingestellt. In der späteren Anwendung treten die Filme hingegen mit einer offenen Oberfläche auf. Die partiellen Reflexionen, die durch die veränderte Geometrie zwischen Kalibration und Messung auftreten, können einen Einfluss auf das Ergebnis haben. Zur Abschätzung dieses Einflusses wurde die resultierende Transmission in Abhängigkeit der Wellenlänge für die Fälle Luft-Quarzplatte-Flüssigfilm-Quarzplatte-Luft (Kalibration) sowie Luft-Quarzplatte-Film-Luft (wie in der Messung) wie folgt berechnet [59].

$$T_{ij} = \frac{4n_i n_j}{(n_i + n_j)^2} \tag{7.1}$$

Die Transmission T_{ij} an einer Grenzschicht zweier Materialien berechnet sich unter Zuhilfenahme der Realteile der wellenlängenabhängigen Brechungsindizes n_i sowie n_j der beiden Materialien. Die gesamte Transmission beim Lichtdurchgang durch mehrere Materialien kann über

$$I = I_0 \prod T_{ij} \tag{7.2}$$

bestimmt werden. Die transmittierte Intensität I entspricht der eingestrahlten Intensität I_0 multipliziert mit den jeweiligen Transmissionen T_{ij} der einzelnen Grenzschichten. Abbildung 36 zeigt die Ergebnisse der beiden Fälle bei senkrechter Durchstrahlung. Während für einen Wasserfilm, wie er während der Messung auftritt (Luft-Quarzplatte-Film-Luft) die Transmission mit steigender Wellenlänge zunimmt, ist erkennbar, dass für die Bedingungen wie sie bei der Kalibration herrschen (Luft-Quarzplatte-Flüssigfilm-Quarzplatte-Luft) eine Abnahme der Transmission mit steigender Wellenlänge auftritt. Dies liegt in der Wellenlängenabhängigkeit der Brechungsindizes von Luft, Quarzglas und Wasser begründet, die für die Berechnung verwendet werden [60]. Aus Abbildung 36 ist ersichtlich, dass ein maximaler Unterschied von 1,5% bei den Transmissionen von Kalibration (schwarze Kurve) sowie Messung (rote Kurve) auftritt. Daher können die Ergebnisse der Kalibration auf die spätere Messung übertragen werden.

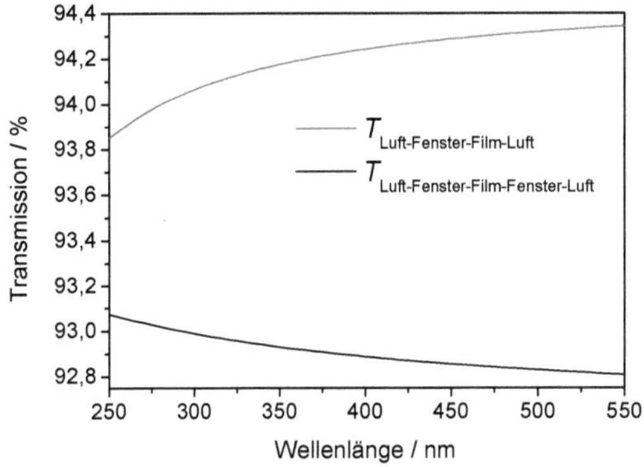

Abbildung 36: Berechnete Transmission bei senkrechter Durchstrahlung in Abhängigkeit der Wellenlänge für die Geometrie der Kalibration (Wasserfilm zwischen zwei Quarzplatten), sowie für einen freien Wasserfilm [61].

Eine weitere mögliche Fehlerquelle bei der Übertragung der Ergebnisse der Kalibriermessungen auf den später zu quantifizierenden Flüssigkeitsfilm ist die Oberflächenkontur des Films. Während bei der Kalibration ein Film mit ideal ebener Oberfläche erzeugt wird, tritt bei der späteren Messung ein Film mit einer gewölbten Oberfläche auf. Dies kann zu lokal unterschiedlich zurückreflektierten Anteilen der teilreflektierten Strahlung aufgrund von Fokussierungs-/Defokussierungseffekten kommen, welche in der Kalibration nicht berücksichtigt werden können. Da es sich bei den hier vorgestellten Messungen jedoch um groß ausgedehnte Filme bezogen auf deren Schichtdicke handelt, können diese Effekte als zweitrangig angesehen werden. Für sehr kleine Filme, bei denen sich der Durchmesser der Schichtdicke annähert, kommt dieser Effekt deutlicher zum tragen. Frackowiak et al. [62] untersuchten den Effekt des Tropfendurchmessers auf die Fluoreszenz mit Hilfe numerischer Methoden. Ein besonderes Augenmerk lag bei dieser Arbeit auf dem Einfluss der Mehrfachreflexion des Anregungslaserstrahls an den Grenzflächen des Tropfens auf das erzeugte Fluoreszenzsignal. Ergebnisse der Kalibration für Tracer/Wassermischungen mit dem Tracer Ethyl-Acetoacetat bei verschiedenen Konzentrationen sind in Abbildung 37 gezeigt. Die verwendete Filterkombination, bestehend aus einem Kantenfilter zur Unterdrückung von elastischem Streulicht sowie einem Schott WG320, entspricht derjenigen im eigentlichen Messaufbau (Abbildung 24). Für jede gemessene Schichtdicke wird der Mittelwert der Fluoreszenzintensität im Bild in einem Bereich räumlich konstanter Laserenergie berechnet. Die eingetragenen Fehlerbalken markieren die Standardabweichung aus drei unabhängigen Messungen. Zur Untersuchung möglicher Einflüsse einer übermäßigen Absorption des Anregungsstrahls bzw. von Signalschwächung durch Reabsorption des Fluoreszenzlichts durch den Tracer wurden Kalibrierkurven mit Tracerkonzentrationen von 0,1, 0,5 und 1,0 Gew.-% aufgenommen.

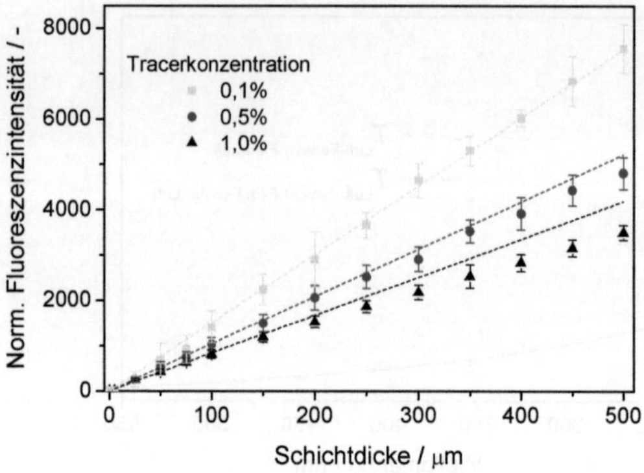

Abbildung 37: LIF-Kalibrierkurven (Signalintensität über der Filmdicke) für drei Konzentrationen (Symbole) des Tracers EAA, gewonnen aus LIF-Bildern vom Kalibriergerät; Mittelwert und Standardabweichung aus drei unabhängigen Messungen auf eine Schichtdicke von 25 µm normiert; gestrichelte Linien: lineare Anpassung der Datenpunkte zwischen 0 und 100 µm, und Extrapolation bis 500 µm.

Für die spätere Quantifizierung wurden Geraden an die jeweiligen Messwerte für Schichtdicken zwischen 0 und 100 µm angepasst, die anschließend bis 500 µm extrapoliert wurden. Wie in Abbildung 37 ersichtlich, konnte für eine Konzentration von 0,1 Gew.-% ein linearer Zusammenhang für den gesamten hier eingestellten Schichtdickenbereich festgestellt werden, so dass diese Konzentration für die weiteren Versuche ausgewählt wurde. Bei höheren Konzentrationen hingegen ist eine mit steigender Schichtdicke wachsende Diskrepanz zwischen dem gemessenen Signal und dem linearen Fit zu erkennen, welche auf Laserabsorption innerhalb des Films zurückzuführen ist. Selbstabsorption der LIF-Signale kann aufgrund des viel kleineren Absorptionsquerschnitts der Tracersubstanz im Wellenlängenbereich der Fluoreszenz (320–550 nm) vernachlässigt werden. Der Fehler bei der Bestimmung von Flüssigkeitsfilmen mit einer Konzentration des Tracers von 0,1 Gew.-%, berechnet aus dem Mittelwert und der Standardabweichung dreier unabhängiger Messungen, liegt bei einer Schichtdicke von 500 µm bei ±35 µm (±7,0%) während er bei gleicher Schichtdicke und einer Konzentration von 0,5 Gew.-% bei ±37 µm (±7,4%) liegt, der sich bei 1,0 Gew.-% auf einen Wert von ±24 µm (±4,8%) reduziert.

Sind dünnere Schichtdicken von Interesse so besteht die Möglichkeit über eine Erhöhung der Tracerkonzentration das detektierbare Signal zu steigern. Unter der Bedingung, dass der Zusammenhang des Fluoreszenzsignals von der Schichtdicke als linear angenommen werden kann zeigt Abbildung 37, dass für eine Konzentration von 0,5 Gew.-% diese Bedingung bis Schichtdicken von ungefähr 200 µm erfüllt ist. Eine Konzentration von 1,0 Gew.-% würde für maximale Schichtdicken im Bereich von 100 µm diese Bedingung erfüllen.

Zur Untersuchung der Abhängigkeit der Raman-Signalstärke von der Schichtdicke wurden ebenfalls Messungen in der Kalibrierzelle an bekannten Schichtdicken durchgeführt. Spektral aufgelöste Messungen lieferten hierzu den Nachweis, dass es sich um Raman-Signal von Wasser handelt (vgl. Abbildung 4). Hierzu wurde das Raman-Signal mittels eines Objektives (identisch dem bildgebenden Aufbau) auf den Eintrittsspalt (Öffnung 200 µm) eines Spektrometers (SpectraPro, Mod. 2150i) abgebildet. Die spektrale Dispersion erfolgte mit einem Gitter mit 300 Linien/mm und wurde mit einer bildverstärkten CCD-Kamera (LaVision, StreakStar) detektiert. Die vor dem Spektrometer montierten Filter entsprachen denen des Ramankanals im bildgebenden Aufbau, dessen Transmissionskurven im unteren Teil von Abbildung 38 gezeigt sind. Sie verbinden eine hohe Transmission im erwarteten Stokes-verschobenen Bereich der Wasser-Ramanstreuung mit einer ausreichend hohen Unterdrückung von Signalbeiträgen, insbesondere durch Streulicht sowie Tracerfluoreszenz, in anderen Wellenlängenbereichen.

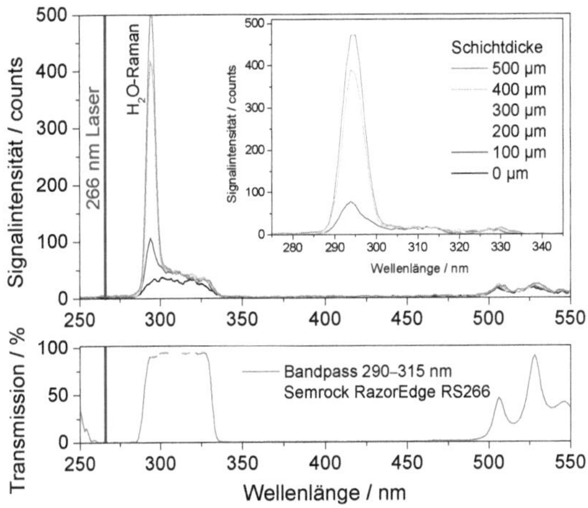

Abbildung 38: Spektral aufgelöste Emission des Stokes-verschobenen Wellenlängenbereichs einer 0,1 Gew.-%igen EAA-Wasserlösung als Funktion der Schichtdicke. Inset: Raman-Signal nach Abzug des Hintergrundspektrums (schwarze Kurve), welches bei direktem Kontakt der Quarzplatten in der Kalibrierzelle bestimmt wurde. (Schichtdicke 0 µm). Die Transmissionskurven der benutzten Filterkombination sind im unteren Teil des Diagramms dargestellt.

Wie erwartet zeigt die Raman-Bande eine Abhängigkeit von der eingestellten Schichtdicke. Zusätzlich ist ein gewisses Hintergrundsignal (schwarze Kurve in Abbildung 38) erkennbar, wenn beide Quarzplatten der Kalibrierzelle direkten Kontakt haben und eine Schichtdicke von nahe 0 µm angenommen wird, welches nicht dem Raman-Signal der Wassermoleküle zugeordnet werden kann. Eine Ursache für dieses Signal könnte breitbandige Fluoreszenzstrahlung von Verunreinigungen der Quarzglasoberflächen oder des Materials selbst sein. Da das Signal nicht von der eingestellten Schichtdicke abhängt, können Verunreinigungen des Lösungsmittel oder Tracerfluoreszenzen als Ursache ausgeschlossen werden. Durch Abzug dieses Hintergrundsignals kann in der späteren Messung dieser Signalbeitrag eliminiert werden (s. Inset in

Abbildung 38). Der nach Hintergrundabzug vorhandene Beitrag (305–335 nm) resultiert aus einem Restsignal, das nicht komplett abgezogen werden konnte.

Abbildung 39 zeigt die gemessene Abhängigkeit der Raman-Signalstärke von der eingestellten Schichtdicke. Wie zu erwarten ist hier ein linearer Zusammenhang über den gesamten Messbereich erkennbar, da keine Laserstrahlung absorbiert wird. Der Nulldurchgang der Kurve zeigt, dass es kein Signal gibt, welches nicht der Ramanstreuung der Wassermoleküle zugeordnet werden kann. Der Fehler bei der Bestimmung von Flüssigkeitsfilmen mittels der spontanen Ramanstreuung liegt bei einer Schichtdicke von 500 µm bei ±30 µm (±6%).

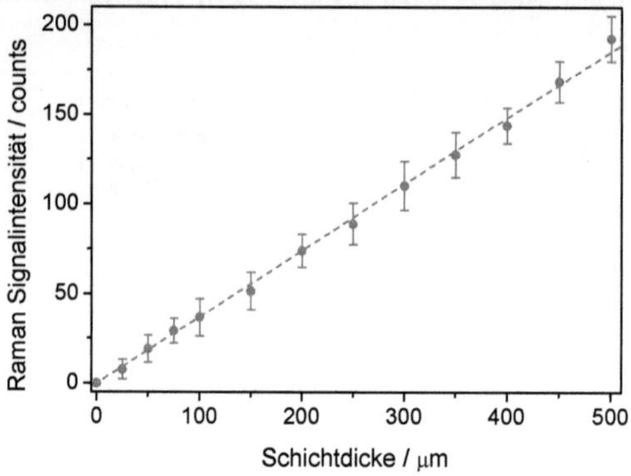

Abbildung 39: Raman-Kalibrierdaten der 0,1 Gew.-%igen EAA-Wasserlösung (Signalintensität über der Filmdicke) gewonnen aus den 2D Bildern mittels des Kalibriergerätes. Symbole mit Fehlerbalken: Mittelwert und Standardabweichung von drei unabhängigen Messungen, gestrichelte Linie: linearer Fit.

7.1. Quantifizierung Kalibrierküvette

Während die Kalibration eine Aussage über den funktionalen Zusammenhang der Signalintensität von der Schichtdicke liefert, muss vor jedem Experiment die Signalstärke an einem Film bekannter Dicke kalibriert werden. Dies wurde erreicht, indem die in Abbildung 34 gezeigte Kalibrierküvette mit einer Schichtdicke von 400 µm in der Messebene platziert und die LIF- bzw. Raman-Signale der beiden Detektionskanäle registriert wurden. So ist es anschließend möglich, Filme unbekannter Schichtdicke mittels der Information des funktionalen Zusammenhangs aus der Kalibration, sowie der Signalstärken bei bekannter Schichtdicke zu quantifizieren.

7.2. Signalintensitätskorrektur

Bei den Messungen mit Image-Doubler, d.h. den Simultanmessungen der Schichtdicken anhand der LIF/Raman-Signalintensitäten, muss dem Wasserfilm ein Tracer zugesetzt werden.

Ein mathematisches Modell soll das Verhalten des LIF- und Raman-Signals aufgrund von Absorptionseffekten in der Probe in Abhängigkeit der Filmdicke für verschiedene Tracerkonzentrationen qualitativ beschreiben. In Abbildung 13 ist ersichtlich, dass der Tracer Ethyl-Acetoacetat neben einer Absorption bei 266 nm eine nicht vernachlässigbare Absorption bei 294 nm, der Wellenlänge der Raman-Streustrahlung der Wassermoleküle, aufweist. Somit kann es zu einer Reabsorption des Raman-Lichtes durch Tracermoleküle in der Lösung kommen. Das im Folgenden präsentierte Modell soll abschätzen, ob diese Reabsorption einen nicht zu vernachlässigenden Einfluss auf die Kalibrierdaten hat.

Die mit der Kamera detektierte Raman-Signalintensität I_{Raman} kann als das gesamte, entlang des Anregungsstrahls erzeugte Raman-Signal $I_{\mathrm{Raman,gesamt}}$ in der Probe, verringert um den vom Tracer reabsorbierten Anteil $I_{\mathrm{Raman,reabs.}}$ betrachtet werden.

$$I_{Raman} = I_{Raman,gesamt} - I_{Raman,reabs.} \tag{7.3}$$

Der von Tracermolekülen absorbierte Anteil des Raman-Lichtes bei einer Wellenlänge von 294 nm wird über einen Absorptionsterm gemäß Lambert-Beer beschrieben:

$$I_{Raman} = I_{Raman,gesamt} - I_{Raman,gesamt}(1 - e^{-c\,\sigma_{294nm}\,x}) \tag{7.4}$$

Somit gilt für das entlang des Strahlweges x innerhalb der Probe integrierte, detektierte Raman-Signal unter Berücksichtigung der Reabsorption des Tracers mit der Konzentration c und dem Absorptionsquerschnitt $\sigma_{294\mathrm{nm}}$ bei der Wellenlänge 294 nm:

$$I_{Raman} = Q_{D_{Raman}}\, N_{H_2O}\, \sigma_{Raman}\, \Omega A I_d\, x \cdot e^{-c\,\sigma_{294nm}\,x} \tag{7.5}$$

$N_{\mathrm{H_2O}}$ bezeichnet die molare Konzentration und σ_{Raman} den Raman-Streuquerschnitt von flüssigem Wasser. $Q_{\mathrm{D_{Raman}}}$ steht hier für die Detektionseffizienz, Ω für den Raumwinkel der Detektionsoptik, A für die vom Laserstrahl beleuchtete Fläche und I_{d} für die lokale Laserintensität. Sie berechnet sich über die Beziehung:

$$I_d = I_L \cdot e^{-c\,\sigma_{266nm}\,x} \tag{7.6}$$

Wobei I_{L} für die Laserenergie steht und $\sigma_{266\mathrm{nm}}$ dem Absorptionsquerschnitt des Tracers bei einer Wellenlänge von 266 nm entspricht.

Nach der Bestimmung der Raman-Signalintensität wird im Folgenden die Fluoreszenzintensität über den Ansatz berechnet, der eine Absorption des Anregungslichtes entlang des optischen Pfades d berücksichtigt [63].

$$I_{266nm} = Q_{D_{LIF}}\, \phi\, I_d\, (1 - e^{-c\,\sigma_{266nm}\,x}) \tag{7.7}$$

$Q_{\mathrm{D_{LIF}}}$ beziffert hier die Detektionseffizienz des Abbildungssystems und ϕ die Fluoreszenzquantenausbeute des Tracers.

Anhand dieser Gleichungen wurde zunächst, wie in Abbildung 40a) gezeigt, das Raman-Signal in Abhängigkeit der Schichtdicke für die drei Tracerkonzentrationen 0,1, 0,5 und 1,0 Gew.-% berechnet. Es handelt sich dabei um qualitative Verläufe, die auf den jeweiligen Maximalwert normiert sind. Hier ist erkennbar, dass das Raman-Signal bei höherer Tracerkonzentration, und insbesondere bei höheren Schichtdicken nicht mehr linear zunimmt. Eine Begründung dafür ist, dass mit steigender Tracerkonzentration die Anzahl absorbierender Moleküle steigt, die erzeugtes Raman-Signal absorbieren.

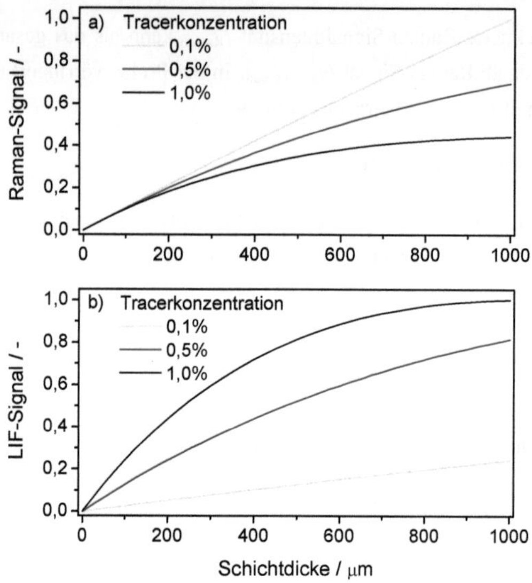

Abbildung 40: Berechnung des erzeugten Raman-Signals (a)), sowie die durch Anregung bei 266 nm erzeugte Fluoreszenzstrahlung (b)) in Abhängigkeit der Schichtdicke für die Tracerkonzentrationen von 0,1, 0,5 sowie 1,0 Gew.-%. Beide Verläufe wurden auf den jeweiligen Maximalwert normiert.

Das detektierbare Fluoreszenzsignal ist in Abbildung 40b) gezeigt. Man kann eine Zunahme des Signals mit steigender Konzentration des Tracers erkennen. Des Weiteren ist ein Anstieg des Signals mit steigender Schichtdicke erkennbar. Dieser Anstieg zeigt für 0,1 Gew.-% einen nahezu linearen Verlauf, während dieser bei höheren Konzentrationen degressiv ausfällt. Der Grund hierfür liegt in der starken Absorption des Anregungslichts beim Durchgang durch die Schicht, so dass nicht die gesamte optische Weglänge mit der gleichen Intensität zur Fluoreszenz angeregt wird.

Zur Überprüfung des Modells wurde dieses auf die Messwerte der Fluoreszenzkalibration (Abbildung 37) sowie auch auf die Kalibrierdaten der Raman-Messung (Abbildung 39) angewendet. Abbildung 41a) zeigt den Abgleich des Berechnungsmodells mit den Fluoreszenz-Messdaten. Für die Tracerkonzentration von 0,1 Gew.-% deckt sich der Verlauf der Berechnung mit den Messdaten über den gesamten Schichtdickenbereich. Mit steigender Konzentration entsteht mit größer werdender Schichtdicke eine anwachsende Diskrepanz zwischen den berechneten und den gemessenen Werten. Eine Begründung für diese Abweichungen könnten Verunreinigungen der Lösung sowie auch Ungenauigkeiten bei der Einstellung der Konzentration in der Probenpräparation sein, die einen Beitrag zur Fluoreszenz leisten, der im Modell nicht berücksichtigt wird.

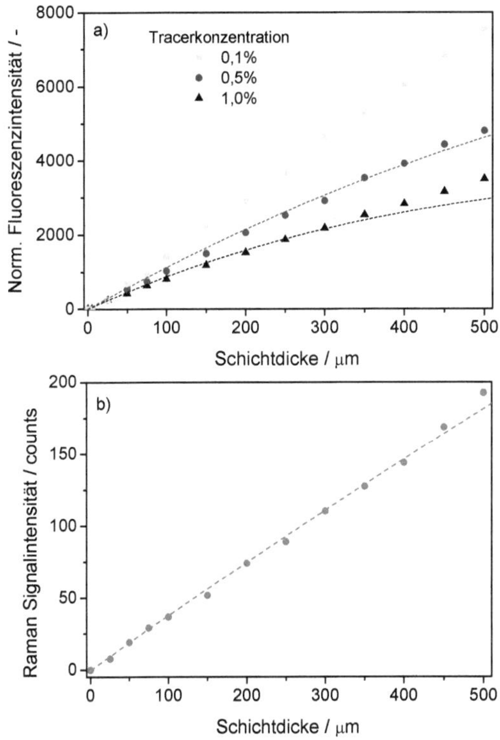

Abbildung 41: Abgleich des Modells mit den Messdaten (Symbole) aus Abbildung 37 und Abbildung 39 der LIF- (a) bzw. der Raman- (b) Kalibration. Die Linien stellen die jeweiligen Signalintensitäten aus dem Berechnungsmodell dar.

Der Vergleich der berechneten Raman-Signalintensität mit den Messwerten (Abbildung 41b)) spiegelt den nahezu linearen Zuwachs an Raman-Signal mit steigender Schichtdicke sehr gut wider. Es ist eine gute, qualitative Übereinstimmung über den gesamten Schichtdickenbereich erkennbar.

8. Filmdickenmessungen

8.1. Grundlegende Untersuchungen

In diesem Kapitel werden zunächst zweidimensionale (2D)-Messungen von Flüssigkeitsfilmen auf einer Quarzglasoberfläche bei Raumtemperatur vorgestellt, um am Schluss den Verdampfungsvorgang eines Flüssigkeitsfilms bei erhöhten Temperaturen zu beobachten. Alle hier gezeigten Schichtdickenmessungen wurden simultan mittels LIF sowie Ramanstreuung bei zugemischtem Tracer EAA mit dem in Kapitel 5.2 beschriebenen Image-Doubler-Aufbau durchgeführt. Die Quantifizierung wurde aus den in Abbildung 42 gezeigten Daten (mit dem Kalibriergerät, vgl. Abbildung 35) und den daraus bestimmten linearen Anpassungsgeraden (gestrichelte Linien), den Kalibrierfunktionen, durchgeführt. Bei den Sprayuntersuchungen wurde für den Signalbeitrag der Einspritzstrahlen ein abgeänderter Versuchsaufbau realisiert, der in Kapitel 8.1.5 vorgestellt wird.

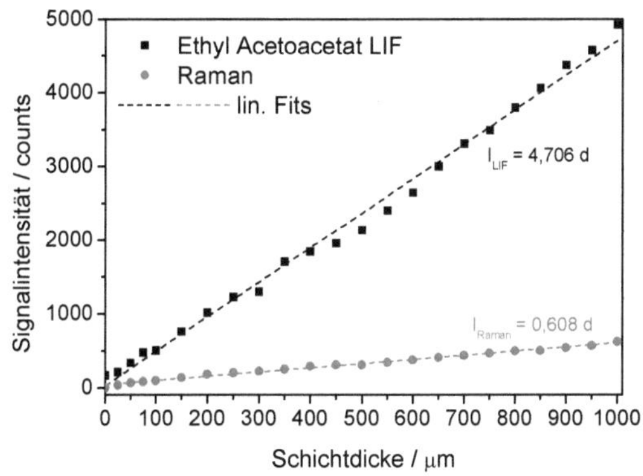

Abbildung 42: Mit dem Kalibriergerät (vgl. Abbildung 35) bestimmten Abhängigkeiten der LIF- bzw. Raman Signalintensitäten einer 0,1 Gew.-%igen EAA-Wasserlösung als Funktion der Schichtdicke im Bereich 5 bis 1000 µm und jeweils angepasste Geraden.

8.1.1. Charakterisierung des Messaufbaus

Bevor aus aufgenommenen Bildern quantitative Schichtdickeninformationen berechnet werden, ist es nötig den Messaufbau zu charakterisieren. Hierzu wird in einem ersten Schritt das Signal-Rausch-Verhältnis bestimmt um eine Aussage über die benötigte Anzahl an Bildmittelungen zu erhalten. Im Anschluss daran wird das Abbildungssystem hinsichtlich der Dispersion und des räumlichen Auflösevermögens charakterisiert.

8.1.1.1. Signal-Rausch-Verhältnis

Um eine Aussage bezüglich der Bildgüte zu treffen, wird von aufgenommenen Bildern das Signal-Rausch-Verhältnis mittels der Gleichung $SRV = \bar{I}^2 / \sigma_I^2$ [64] berechnet, wobei $\bar{I}$ der Mittelwert und σ_I die entsprechende Standardabweichung der Pixelwerte eines Quadrats bei einer definierten Schichtdicke von 100 µm bedeutet. Die in diesem Kapitel durchgeführten Berechnungen der Signal-Rausch-Verhältnisse wurden mit dem in Abbildung 24 vorgestellten Versuchsaufbau, unter Verwendung des Image-Doublers und des Schott NG5 Graufilter durchgeführt.

In einem ersten Auswerteschritt wird der Einfluss des Rauschens jedes Einzelbildes in Bezug auf die Anzahl der gemittelten Bilder bestimmt (Abbildung 43). Hierfür wurde innerhalb eines 5×5 Pixel großen Quadrats der „zeitliche" Mittelwert des Signals für eine bestimmte Anzahl an Bildern berechnet. Anschließend wurde für jedes Einzelbild der Mittelwert innerhalb dieses Quadrats bestimmt und die Standardabweichung dieser einzelnen (räumlichen) Mittelwerte für die ausgewählte Anzahl an Bildern berechnet. Mit der Kenntnis vom „zeitlichen" Mittelwert des gemittelten Bildes sowie der Standardabweichung konnte im Anschluss das Signal-Rausch-Verhältnis bestimmt werden. Abbildung 43 zeigt das Ergebnis der Bildauswertung als Funktion der zur Mittelwertbildung herangezogenen Anzahl der Einzelpuls-Bilder.

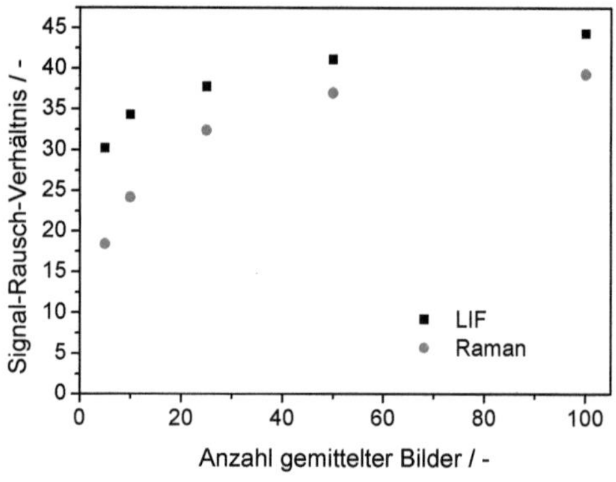

Abbildung 43: Signal-Rausch-Verhältnis für LIF und Raman berechnet aus der Standardabweichung des Mittelwertes eines 5×5 Pixel großen Bereichs jedes Einzelbildes und des Mittelwertes des über die jeweilige Anzahl gemittelten Bilder in Abhängigkeit der Anzahl der gemittelten Einzelbilder bei einer Schichtdicke von 100 µm.

In Abbildung 43 ist erkennbar, dass das Signal-Rausch-Verhältnis des LIF- sowie Raman-Signals mit steigender Anzahl an gemittelten Bildern ansteigt. Weiter liegt das Signal-Rausch-Verhältnis des LIF-Signals durchweg oberhalb dessen des Raman-Signals. Auffällig ist ein stärkerer Abfall des Signal-Rausch-Verhältnis des Raman-Signals mit geringerer Anzahl an Mittelungen als dem in den LIF-Bildern, was darauf hinweist, dass für ein vergleichbares Signal-Rausch-Verhältnis die Bilder des Raman-Kanals über mehr Einzelbilder gemittelt werden müssen als dies im LIF-Kanal notwendig ist.

Eine weitere Auswertung soll Aufschluss darüber liefern wie stark das Rauschen und damit das Signal-Rausch-Verhältnis innerhalb eines kleinen räumlichen Bereichs der Bilder bei konstanter Schichtdicke sowie Laserenergie ist (Abbildung 44), und somit welche Anzahl an Bildmittelungen notwendig sind um quantitative Aussagen bezüglich einer räumlichen Variation der Schichtdicke in Flüssigkeitsfilmen treffen zu können. Hierfür wurde ebenfalls der Mittelwert innerhalb eines ausgewählten 5×5 Pixel großen Quadrats berechnet. Anschließend wurde die Standardabweichung der Pixelwerte innerhalb dieses Bereichs bestimmt und das Signal-Rausch-Verhältnis berechnet.

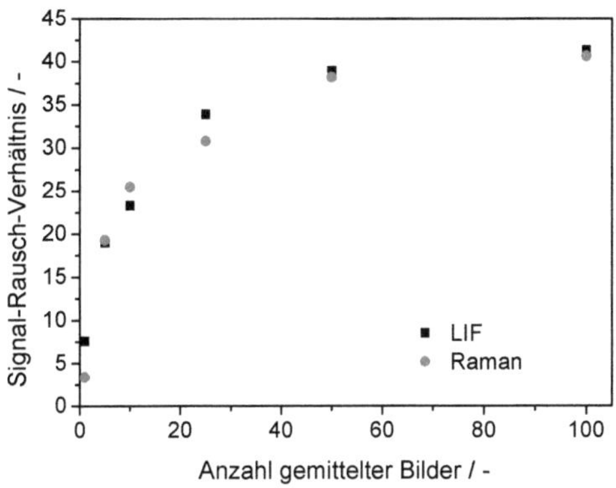

Abbildung 44: Signal-Rausch-Verhältnis für LIF und Raman berechnet aus dem Mittelwert und der Standardabweichung eines 5×5 Pixel großen Bereichs des Bildes in Abhängigkeit der Anzahl der gemittelten Einzelbilder bei einer Schichtdicke von 100 µm.

Abbildung 44 zeigt die Ergebnisse für bestimmte Anzahl an Mittelungen. Es ist ersichtlich, dass es sich auch hier um einen Anstieg des Signal-Rausch-Verhältnisses mit steigender Anzahl an Bildmittelungen handelt, dessen Zunahme mit steigender Anzahl gemittelter Bilder immer schwächer wird. Hierbei liegen die Kurven für die LIF- und Ramanbilder nahezu deckungsgleich übereinander. Dies sagt aus, dass für ein ähnliches Signal-Rausch-Verhältnis in beiden Detektionskanälen eine nahezu gleiche Anzahl an benötigten Bildmittelungen durchgeführt werden muss. Da bei den Kamera-Messungen konstante Versuchsbedingungen herrschen und Änderungen der Filmdicke während der Messung vernachlässigt werden können, wurde gemäß den obigen Ergebnissen festgelegt, dass für ein angemessenes Signal-Rausch-Verhältnis Mittelungen über 50 Einzelbilder bei einer Aufnahmerate von 5 Hz (dem entspricht eine effektive Messzeit von 10 s) ausreichen.

Die folgende Abschätzung soll Aufschluss darüber liefern bis zu welchen minimalen Schichtdicken die beiden Verfahren verlässliche Aussagen liefern können. Dazu wurden für zahlreiche, bekannte Schichtdicken die Signal-Rausch-Verhältnisse in einem Bereich von 5×5 Pixel für jeweils 50 gemittelte Einzelbilder bestimmt (Abbildung 45).

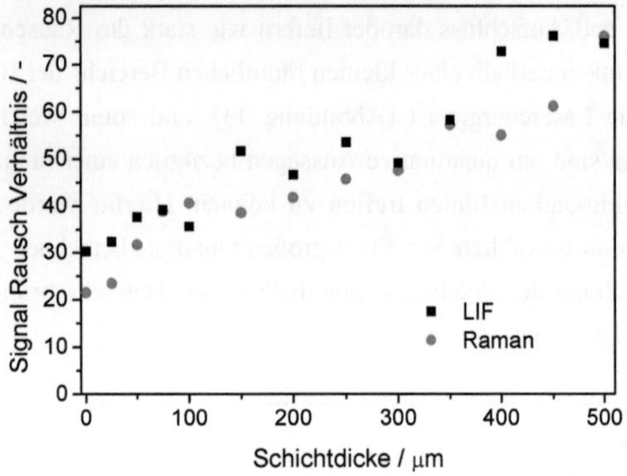

Abbildung 45: Signal-Rausch-Verhältnis in Abhängigkeit der eingestellten Schichtdicke für 50 Mittelungen des Raman sowie LIF-Signals.

Ersichtlich ist, dass das Signal-Rausch-Verhältnis linear mit steigender Schichtdicke für den LIF- sowie Raman-Detektionskanal zunimmt. Die Werte des Raman-Signals liegen ca. 30% unterhalb der Werte des Signal-Rausch-Verhältnisses des LIF-Kanals, was bedeutet, dass die untere Grenze der messbaren Schichtdicken für die Raman-Technik höher als die der LIF-Messtechnik liegen wird.

8.1.1.2. Räumliches Auflösungsvermögen und Dispersion

Das räumliche Auflösungsvermögen eines Abbildungssystems liefert eine Aussage darüber welche minimalen Strukturgrößen noch aufgelöst und dargestellt werden können. Die Bestimmung des räumlichen Auflösungsvermögens des Messsystems wurde mittels eines Linientargets mit Liniengruppen verschiedener Größe durchgeführt. Für den benutzten Versuchsaufbau wurde dazu ein USAF 1951 Resolution Target (Abbildung 46a) in der Messebene platziert, mit Licht ähnlicher Wellenlänge der Fluoreszenz von der Rückseite beleuchtet und mit dem Kamerasystem detektiert (Abbildung 46b). Der mit einem festgelegten Kontrast (d.h. detektierte Intensitätsmodulation) auflösbare minimale Linienabstand wird hier als räumliches Auflösungsvermögen des Detektionssystems definiert. Als Maß für die Grenze wird eine „Kontrast Transferfunktion“

$$KTF = \frac{I_{max} - I_{min}}{I_{max} + I_{min}} \tag{8.1}$$

definiert, deren Grenzwert auf 5% festgesetzt wird [65]. Der minimale Abstand zweier benachbarter Linien, welcher dieses Kriterium erfüllt, entspricht dem räumlichen Auflösungsvermögen. I_{max} und I_{min} bezeichnen die im Bild gemessenen Intensitäten auf einem bzw. im Zwischenraum zwischen zwei benachbarten Balken des Targets.

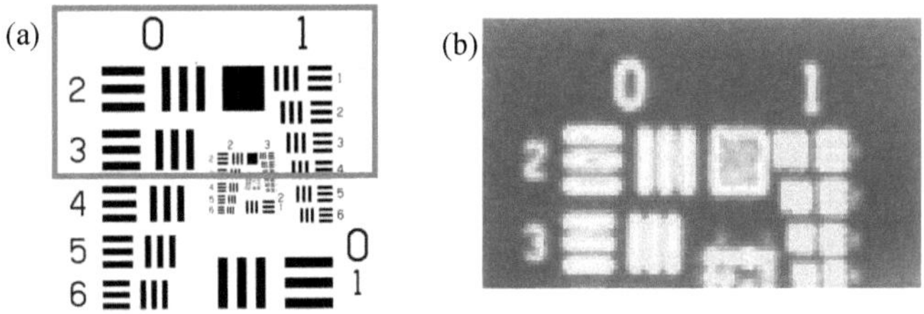

Abbildung 46: (a) USAF 1951 Resolution Target mit dem rot markierten Bereich, der für die hier beschriebenen Messungen verwendet wurde; (b) Bild des in (a) markierten Ausschnitts, der in die Messebene auf der Quarzplatte eingebracht und durch das optische System (Abbildung 23) aufgenommen wurde.

In einem zweiten Schritt wurde die Dispersion des Messsystems, d.h. der Abbildungsmaßstab des optischen Systems bestimmt. Hierfür wurde ein Kreuzmuster mit bekanntem Kreuzabstand in die Objektebene eingebracht und dieses mit dem Kamerasystem aufgenommen (vgl. Abbildung 31). Der Messaufbau mit Image-Doubler sowie der in Kapitel 5.2 beschriebenen Filterkombination liefert ein räumliches Auflösevermögen für den Ramankanal von 505 µm und für den LIF Kanal von 630 µm bei einer räumlichen Dispersion von 200 µm/Pixel. Die Diskrepanz resultiert hierbei aus der Tatsache, dass mit dem vorhandenen UV-Objektiv nur für einen begrenzten Wellenlängenbereich fokussiert werden kann, was simultan für das Raman- und LIF-Signal (zu überdeckender Wellenlängenbereich: ca. 285–550 nm) nicht mit gleicher Qualität möglich ist. LIF-Messungen ohne Image-Doubler und Schott NG5 Graufilter, die in Kapitel 8.1.5 dargestellt werden, liefern für einen Wert von 5% der KTF ein räumliches Auflösungsvermögen von 440 µm.

8.1.1.3. Laser-induzierte Filmaufheizung

Eine Absorption der Tracerlösung führt zu einem Energie- und somit Wärmeeintrag in die Flüssigkeit. Eine Abschätzung soll Aufschluss darüber liefern, ob eine signifikante Aufheizung des Films durch den fortwährenden Laserbeschuss auftreten kann. Hierfür wurde mittels des gemessenen Absorptionsquerschnitts bei der Wellenlänge der Anregung unter Anwendung des Lambert-Beer'schen Gesetzes

$$I = I_L \cdot e^{-c\sigma x} \qquad (8.2)$$

die Absorption als Funktion der Schichtdicke bestimmt. Hierbei steht I_L für die eingestrahlte Intensität, c für die Stoffmengenkonzentration an absorbierenden Molekülen, σ für deren Absorptionsquerschnitt und x für die Weglänge, die das Licht in der Probe zurücklegt. Berechnungen der absorbierten Laserenergie bei einer Wellenlänge von 266 nm als Funktion der

Schichtdicke zeigen bei einer Konzentration von 0,1 Gew.-% eine Absorption von 3,2% bei einer Schichtdicke von 500 µm (Abbildung 47).

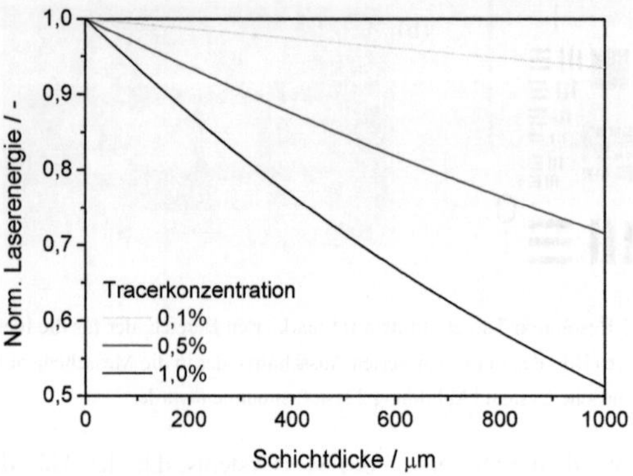

Abbildung 47: Lokale Laserenergie innerhalb eines Flüssigkeitsfilms in Abhängigkeit der Schichtdicke; Wellenlänge: 266 nm, Berechnung durchgeführt für Tracerkonzentrationen von 0,1, 0,5 sowie 1,0 Gew.-%.

Unter Vernachlässigung sämtlicher Wärmeabgabeprozesse soll die Aufheizung des Films durch den Laserbeschuss abgeschätzt werden. Dies soll im Folgenden durch eine überschlägige Berechnung unter Zuhilfenahme des ersten Hauptsatzes der Thermodynamik passieren [66].

$$\Delta U = Q + W \tag{8.3}$$

Die extensive Zustandsgröße ΔU entspricht der inneren Energie des Films, während Q die zugeführte Wärme darstellt und W der verrichteten Arbeit entspricht. Diese kann für den hier betrachteten Fall zu Null gesetzt werden. Wird angenommen, dass die Änderung der inneren Energie durch Zuführen von absorbierter Laserenergie geschieht, so kann der daraus resultierende Temperaturanstieg im Film bestimmt werden.

$$E\,(1-\frac{I}{I_L})\,n = \rho V c_p \,\Delta T \tag{8.4}$$

Bei einer Laserenergie E von 12 mJ/Puls, einer angenommenen Zeitdauer des Experiments von 150 Sekunden, was bei einer Wiederholrate des Lasers von 10 Hz einer Anzahl n von 1500 Laserpulsen entspricht, soll der Temperatureintrag ΔT berechnet werden. I / I_L entspricht hier der Transmission des Laserstrahls durch die Lösung. Bei einer Schichtdicke von 500 µm stellt diese einen Wert von 0,968 dar (vgl. Abbildung 47). Des Weiteren wird die Dichte des Films ρ mit 997 kg/m³ angenommen, welcher dem Wert von Wasser bei einer Temperatur von 20°C entspricht. Das Flüssigkeitsvolumen V beträgt ca. 80 mm³ und wird als ein Zylinder mit einem Durchmesser von ca. 15 mm bei einer angenommenen Filmdicke von 500 µm angesehen. Die isobare Wärmekapazität c_p bei 20°C wird zu 4190 J kg^{-1} K^{-1} gesetzt. Auflösen der

Gleichung liefert eine Temperaturerhöhung von $\Delta T = 0{,}88$ K. Dieser Wert ist ein Maximalwert der Filmaufheizung, welcher die Prozesse der Wärmeabgabe durch Wärmeleitung an die Umgebung nicht berücksichtigt. Die tatsächliche Aufheizung wird somit noch kleiner ausfallen. Bei solch einer geringen Absorption innerhalb des Films überschreitet daher die Dauer einer Filmaufheizung die Verdampfungsdauer so stark, dass eine Aufheizung durch den Laser als vernachlässigbar angesehen werden kann.

8.1.2. Filmpräparation mit Pipette

Nach der Charakterisierung des Messaufbaus wird im Folgenden die Messung von Flüssigkeitsfilmdicken beschrieben. Begonnen wird mit der Filmpräparation mittels Pipette, gefolgt von Messungen der Schichtdicke von Filmen, die mit einem Injektor erzeugt wurden. Im Anschluss daran werden phasenaufgelöste Messungen eines Einspritzvorgangs präsentiert, die Informationen über die Filmentstehung liefern. Messungen der Schichtdicke eines verdampfenden Wasserfilms werden am Ende dieses Abschnitts erläutert und interpretiert.

Zunächst wurde mit Filmen gearbeitet, die mit einer Pipette auf der Oberfläche aufgebracht wurden, da hier die Möglichkeit besteht die Filmkontur manuell anzupassen und zu verändern. Abbildung 48 zeigt Bilder eines Films, welcher mit beiden Messmethoden simultan vermessen wurde. Das linke Bild zeigt den LIF-Kanal, das rechte den Raman-Detektionskanal. Im unteren Teil der Abbildung sind die jeweiligen Schichtdickenprofile des Flüssigkeitsfilms entlang der weißen Linie gezeigt. Hierbei ist erkennbar, dass beide Messtechniken hinsichtlich Form sowie Schichtdickenverteilung des Films vergleichbare Ergebnisse liefern. Signalbeiträge außerhalb der Filmkontur sind nur in vernachlässigbarer Stärke vorhanden.

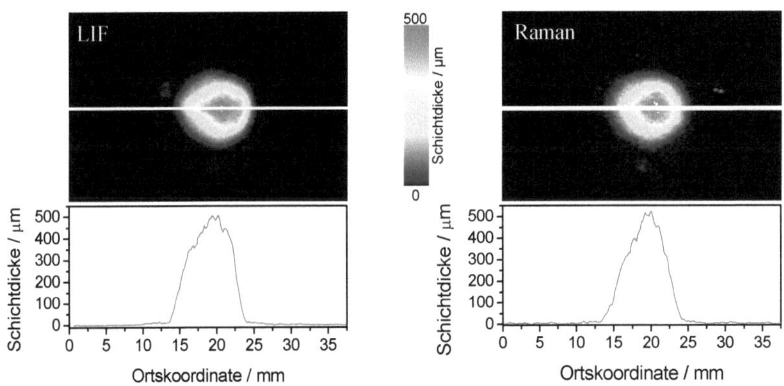

Abbildung 48: 2D-Schichtdickenbilder (obere Reihe) ermittelt aus dem Tracer-LIF- (links) bzw. dem Raman-Kanal (rechts) mit dazugehörigen Schichtdickenprofilen (untere Reihe) entlang der jeweiligen weißen horizontalen Linien. Der Film wurde mittels einer Pipette aufgebracht.

8.1.3. Filmpräparation mit Injektor

In einem zweiten Schritt, in Annäherung an einen technischen Prozess, wurden die Filme mittels des in Kapitel 5.1.3 beschriebenen Einspritzsystems auf die Quarzglasoberfläche aufgebracht und anschließend Schichtdicken gemessen. Der Injektor wurde unter einem Winkel von ca. 55° und in einem Abstand von 50 mm zur Oberfläche montiert. Abbildung 49 zeigt quantifizierte Bilder der LIF- bzw. Raman-Beobachtungskanäle. Der Sprühstrahl traf jeweils von der rechten Seite kommend auf die Quarzplatte auf. In beiden Bildern ist eine in sich geschlossene Filmkontur erkennbar. Signalbeiträge außerhalb der Struktur sind auf die Ablagerung von Sprühnebel zurückzuführen. Aufgrund des Sprayimpulses prallen Tropfen von der Oberfläche ab, zerfallen und lagern sich anschließend als Nebel ab. Dieser Sprühnebel lagert sich bevorzugt auf der dem Injektor abgewandten Seite ab, während auf der dem Injektor zugewandten Seite außerhalb der geschlossenen Filmkontur kein Signal zu erkennen ist. Das Schichtdickenprofil entlang der weißen Linie illustriert diese Effekte.

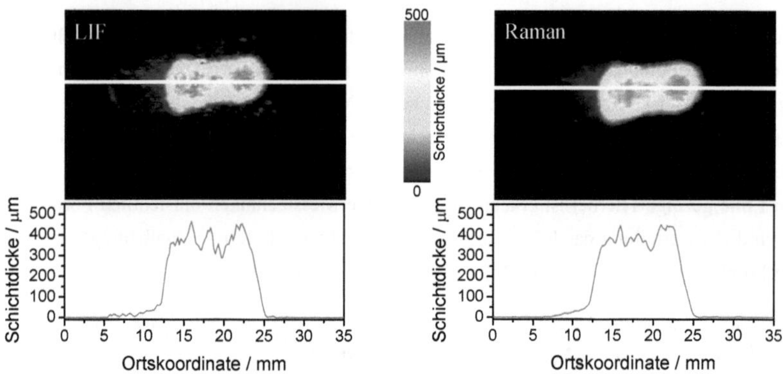

Abbildung 49: 2D-Schichtdickenbilder (obere Reihe) mit dazugehörigem Schichtdickenprofil (untere Reihe) entlang der weißen horizontalen Linie mittels Tracer LIF (links) und spontaner Ramanstreuung (rechts). Der Film wurde mittels des Injektors von der rechten Seite des Bildes aufgebracht.

8.1.4. Phase Sampling

In diesem Kapitel wird die phasenaufgelöste Messung eines Einspritzvorgangs beschrieben. Hierzu wurden mit dem montierten Image-Doubler (vgl. Kapitel 5.2) zu definierten Zeitpunkten nach Einspritzbeginn (Start of injection, SOI) simultan LIF- und Ramanbilder aufgenommen, um die zeitliche Entwicklung des Auftreffens des Sprays auf der Platte zu untersuchen. Zur Aufnahme von Bildern zu einem definierten Zeitpunkt während des Einspritzvorgangs wurde ein abgeändertes Triggerschema verwendet (vgl. Kapitel 5.2), das in Abbildung 50 dargestellt ist. Während der Nd:YAG-Laser direkt mit 10 Hz über den Pulsgenerator angesteuert wird, wird das Ansteuersignal für Kamera und Einspritzanlage über einen Frequenzteiler auf einen Wert von 0,1 Hz geteilt, so dass die Kamera mit einer Aufnahmerate von 0,1 Hz Bilder aufnimmt. Dies ist nötig, da nach jedem Einspritzvorgang der Flüssigkeitsfilm von der Oberfläche entfernt und diese gereinigt werden muss, um reproduzierbare Messbedingungen zu gewährleisten. Das Ansteuersignal des Einspritzsystems kann über einen Delaygenerator zeitlich gegenüber dem Triggerpuls des Kamerasystems verschoben werden, so dass Bilder zu festgelegten Zeitpunkten nach Einspritzbeginn aufgenommen werden können.

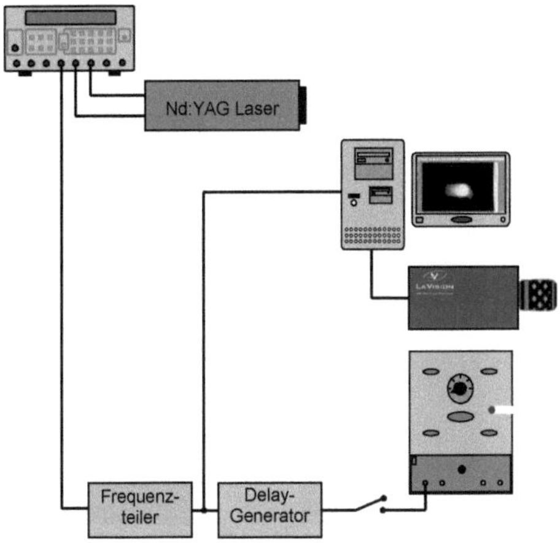

Abbildung 50: Triggerschema von Laser, Kamerasystem und Einspritzanlage für eine phasenaufgelöste Messung während eines Einspritzvorgangs.

In der linken Spalte von Abbildung 51 sind die Ergebnisse des LIF-Kanals, und in der mittleren Spalte die des Raman-Kanals dargestellt. Es handelt sich dabei um Mittelwertbilder von 50 einzelnen Einspritzvorgängen pro Zeitschritt. Die rechte Spalte zeigt separat, aber bei gleicher Phasenlage wie die LIF/Ramanbilder aufgenommene Streulichtaufnahmen aus seitlicher Perspektive, die die Position der Düse und die Ausbreitung der Sprühstrahlen darstellen.

Das Spray trifft von der rechten Seite kommend auf die Oberfläche auf. Erkennbar in den Bildern ist der Auftreffpunkt des Sprays auf der Oberfläche an drei runden Flächen, entsprechend der drei Einspritzkeulen. Bis zu einer Zeit von 105 ms nach Einspritzbeginn ist ersichtlich, dass sich drei räumlich voneinander getrennte Filme entsprechend der drei Einspritzstrahlen ausbilden. Mit zunehmender Zeit beginnen diese miteinander zu verschmelzen. Auffällig ist, dass an der Stelle, an der das Spray auf die Oberfläche auftrifft nur eine sehr geringe Schichtdicke ($\approx$ 15 µm) zu detektieren ist (in den Bildern sichtbar anhand „schwarzer runder Bereiche“, angedeutet durch grüne Kreuze, unmittelbar rechts neben Gebieten höherer Farbskala-Werte). Dies deutet darauf, dass aufgrund des Sprayimpulses die Flüssigkeit zu den Seiten gedrückt wird und eine „Bugwelle“ rund um den Auftreffpunkt bildet, während innerhalb dieses „Ringes“ die Schichtdicke nur sehr gering ist. Signal außerhalb der geschlossenen Filmkontur deutet auf Sprühnebel, welcher während der Einspritzung entsteht und sich auf der Platte niederschlägt.

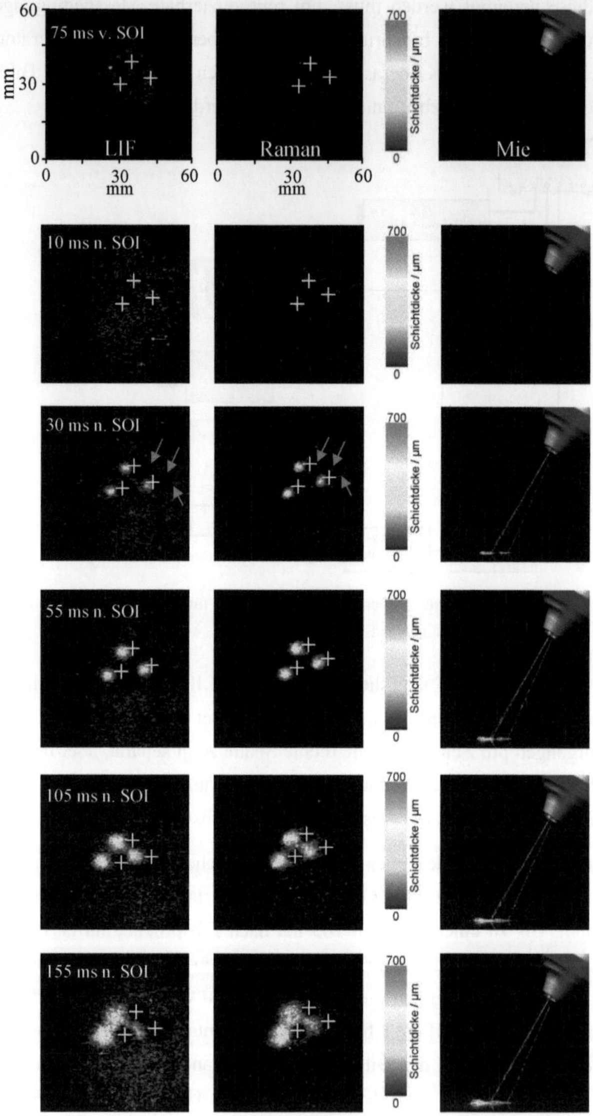

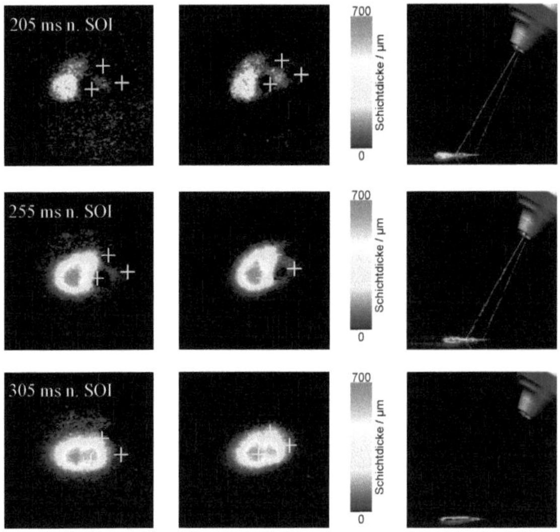

Abbildung 51: Über 50 einzelne Einspritzungen gemittelte und quantifizierte LIF- (linke Spalte) bzw. Raman-Bilder (mittlere Spalte) eines zeitlich abgerasterten Einspritzvorgangs. Der Zeitpunkt des entsprechenden Bildes bezogen auf den Einspritzbeginn (SOI) ist in der linken Spalte angegeben. Streulichtaufnahmen von der Seite (rechte Spalte) zeigen die relative Lage der Sprühstrahlen bzgl. der Plattenoberfläche. Die roten Pfeile in der Bildreihe „30 ms n. SOI" deuten auf den Signalbeitrag der Einspritzstrahlen, die sich oberhalb der Oberfläche befinden. Die grünen Kreuze stellen den Auftreffpunkt der drei Spraystrahlen auf der Oberfläche dar.

Eine Pixel-aufgelöste Aufsummierung aller Schichtdickenwerte und der aus dem Abbildungsmaßstab berechneten Fläche pro Pixel liefert das aufgetroffene Flüssigkeitsvolumen und somit die Masse des sich auf der Oberfläche befindenden Films. In Abbildung 52 ist die aus den LIF- bzw. Raman-Messungen ausgewertete Flüssigkeitsmasse der bekannten Einspritzmasse gegenübergestellt, die den Injektor nach einer bestimmten Zeit verlassen hat. Bei Zeiten kleiner 100 ms nach SOI stimmt die aus der gemessenen Schichtdicke berechnete Masse sehr gut mit der gesamten Einspritzmasse überein. Ab einer Dauer von 100 ms sind Abweichungen erkennbar. Bei einer Dauer von 300 ms beträgt diese Differenz ca. 10%. Die auf die Platte aufgetroffene Menge ist erwartungsgemäß kleiner als die ursprünglich ausgestoßene Masse, da aufgrund der Zerstäubung der Flüssigkeit vom Injektor, sowie auch durch Tropfenabprall ein Teil der Flüssigkeit außerhalb des Bildbereichs zu liegen kommt, sich als nicht zu detektierender Sprühnebel auf der Platte ablagert, bzw. aufgrund der sehr geringen Tropfengröße direkt verdampft.

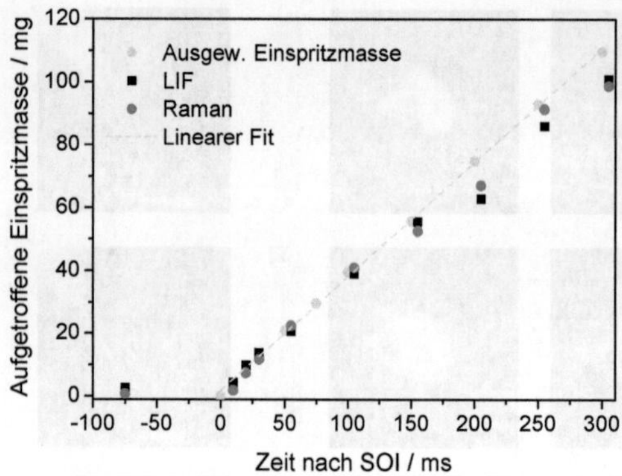

Abbildung 52: Integrale auf der Oberfläche abgelagerte Flüssigkeitsmasse, berechnet aus den Phase-Sampling-Bildern des LIF- sowie Ramankanals als Funktion der Zeit nach SOI. Als Vergleich wurde die ausgewogene Einspritzmasse des Injektors herangezogen (Abbildung 23).

8.1.5. Signalbeitrag der Einspritzstrahlen

Kurz bevor die Einspritzstrahlen die Oberfläche erreichen, sind diese auf den Bildern als drei dünne Linien erkennbar (vgl. rote Pfeile in Abbildung 51 (30 ms nach SOI)). Weitere Untersuchungen dieses Effektes wurden aufgrund der höheren Signalstärke ausschließlich mit LIF ohne Image-Doubler und Schott NG5 Graufilter durchgeführt. Der verwendete Aufbau mit seitlicher Strahleinkopplung in das Dove-Prisma ist in Abbildung 53 dargestellt.

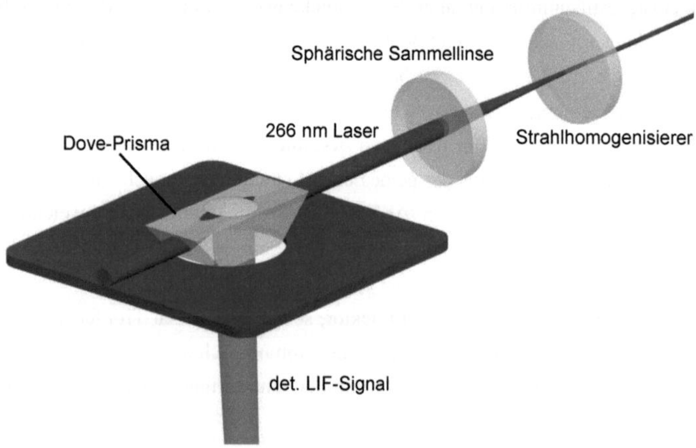

Abbildung 53: Versuchsaufbau für die zweidimensionale LIF-Bildgebung von Flüssigkeitsfilmen auf der Oberfläche eines Dove-Prismas.

Ziel dieser Messung ist es zu untersuchen, inwieweit Signal von „heranfliegenden“ Tropfen einen störenden Beitrag liefert. Für eine detailliertere Untersuchung des Signalbeitrags aus der Luft oberhalb der Platte wurde zusätzlich anstelle der Quarzplatte ein Dove-Prisma verwendet (Abbildung 54), auf dem die Flüssigkeitsfilme aufgebracht wurden. Bei der seitlichen Strahleinkopplung in das Prisma findet aufgrund des großen Einfallswinkels (bei gegebenen Brechungsindizes von Quarz und Luft) Totalreflexion des Laserlichts an der Grenzfläche Quarz-Luft statt, so dass keine Strahlung aus dieser Grenzfläche austritt. Ein Flüssigkeitsfilm, der sich auf der Oberfläche befindet, hat dagegen einen ähnlichen Brechungsindex wie das Quarzmaterial, so dass ein Großteil des eingekoppelten Lichts die Flüssigkeit durchdringt und erst an der Grenzfläche Flüssigkeit-Luft totalreflektiert wird. Somit sollte mit dieser Strahlgeometrie im Idealfall ein Signalbeitrag von Tropfen, die sich oberhalb der Filmoberfläche befinden, vermieden werden können.

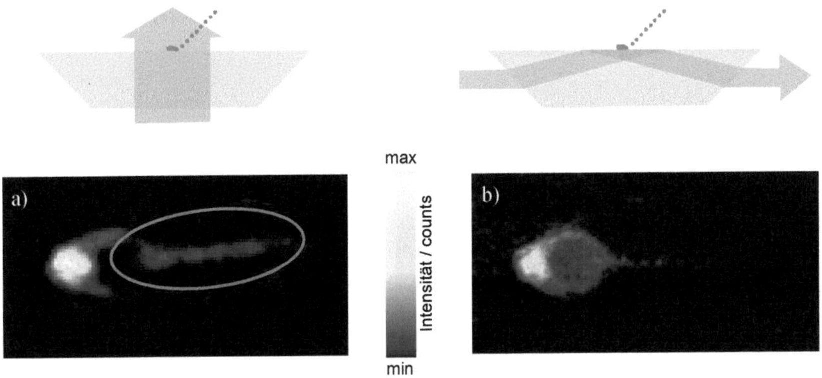

Abbildung 54: obere Reihe: Schema der Fluoreszenzanregung, Vergleich Signalbeitrag aus der Luft bei Durchstrahlung des Dove-Prismas von der Unterseite (a)), und bei seitlicher Einkopplung mit Totalreflexion (b)), Die rote Ellipse markiert den oberhalb des Films befindlichen Einspritzstrahl, Messzeitpunkt: 19 ms nach SOI.

Für einen Vergleich mit den in den vorherigen Kapiteln beschriebenen Ergebnissen wurden auch Experimente durchgeführt, bei denen das Prisma wie in Abbildung 54a) von der Unterseite durchstrahlt und die Fluoreszenz in Rückwärtsstreuung detektiert wurde. Abbildung 54b) zeigt die Ergebnisse der seitlichen Einkopplung in das Dove-Prisma unter dem Winkel der Totalreflexion. Im Fluoreszenzbild (untere Reihe in Abbildung 54) wird exemplarisch hier ein einzelner der drei auf die Oberfläche auftreffenden Flüssigkeitsstrahlen dargestellt. Erkennbar ist im linken Teil der Abbildung ein deutlich größerer Beitrag des noch oberhalb der Oberfläche befindlichen Einspritzstrahls, der sich als Linie rechts des eigentlichen Films darstellt (rote Markierung in Abbildung 54) als im rechten Teil der Abbildung, in dem die Laser-Einkopplung von der Seite in das Dove-Prisma unter dem Winkel der Totalreflexion stattfand. In der rechten Abbildung ist dieser Beitrag deutlich vermindert, ist aber dennoch sichtbar. Dies liegt darin begründet, dass die Filmoberfläche keine ebene Fläche darstellt, sondern aufgrund des Sprayaufpralls eine wellige Kontur besitzt. Hier ist die Bedingung für Totalreflexion nicht überall erfüllt, so dass trotzdem ein Teil der Laserstrahlung aus der Oberseite ausgekoppelt wird um dort ebenfalls die Einspritzstrahlen zur Fluoreszenz anzuregen.

Für einen direkten Vergleich der LIF-Signale aus beiden Anordnungen während der phasenaufgelösten Messungen wurde für bestimmte Zeitschritte nach SOI das Experiment mit beiden in Abbildung 54 gezeigten Strahlgeometrien durchgeführt. Anzumerken ist hier, dass es sich um einen rein qualitativen Vergleich und nicht um quantifizierte Schichtdickeninformationen handelt. Wie in Abbildung 55 ersichtlich, erhält man bei der Fluoreszenzanregung unter dem Einfallswinkel 0° von der Unterseite ein deutlich größeres Signal von den drei Strahlkeulen oberhalb der Oberfläche als bei Bestrahlung unter dem Winkel der Totalreflexion. Ein Vergleich der Signalintensitäten zeigt für den Fall der Anregung senkrecht zur Oberfläche, dass die Intensität des Signals der Einspritzstrahlen 22,1% des maximalen Signals des Flüssigfilms ausmacht. Für die Anregungsgeometrie unter dem Winkel der Totalreflexion des Dove-Prismas reduziert sich dieser Wert auf 6,4%.

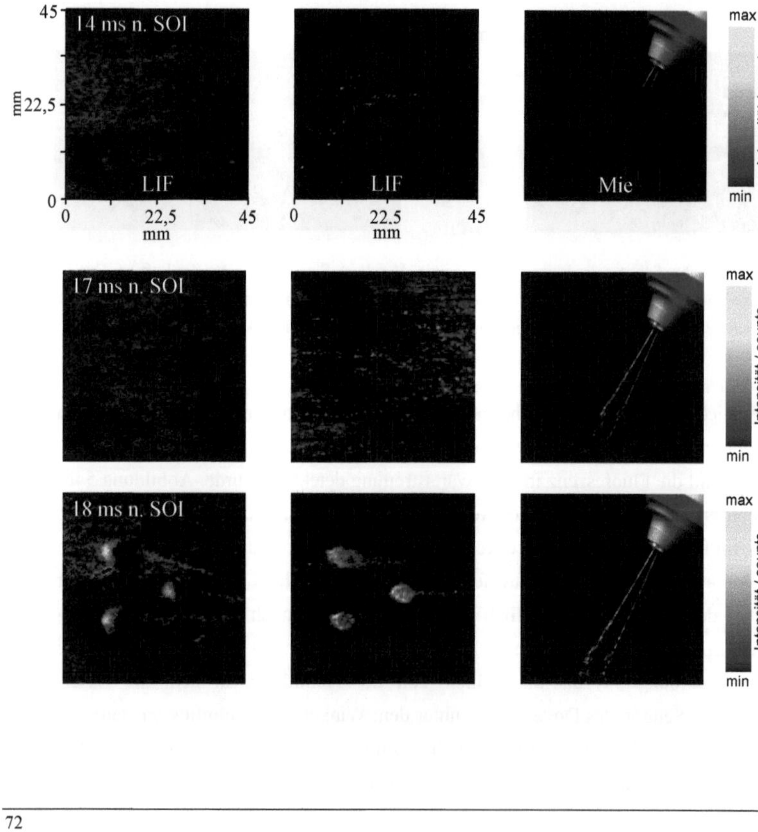

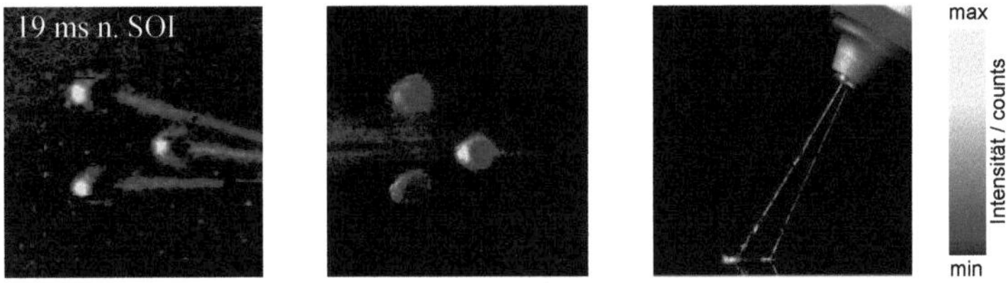

Abbildung 55: Linke Spalte: Bestrahlung der Oberfläche von unten unter einem Winkel von 0° (vgl. Abbildung 54a), mittlere Spalte: Bestrahlung der Oberfläche von unten unter dem Winkel der Totalreflexion (vgl. Abbildung 54b), um Signalbeitrag aus der Luft zu minimieren, rechte Spalte: Mie-Streuung in der Seitenansicht.

Bei Messungen in denen ein solcher Beitrag unerwünscht ist, bietet sich daher ein Aufbau mit Dove-Prisma an, da er zu einer deutlichen Reduktion von Signalbeiträgen oberhalb des Films führt. Aufgrund der räumlichen Trennung des Einspritzstrahls vom Filmbereich auf der Oberfläche ist dieser Effekt hier jedoch nicht maßgeblich störend für die Messung der Schichtdicke.

8.1.6. Filmverdampfung

In technischen Prozessen sind verdampfende Flüssigkeitsfilme auf Oberflächen mit erhöhter Temperatur von besonderem Interesse. Daher wird im Folgenden die hier entwickelte simultane LIF/Raman Messtechnik für die Bestimmung einer sich zeitlich ändernden Schichtdicke während einer dynamischen Filmverdampfung eingesetzt. Da flüssiges Wasser nur eine geringe Flüchtigkeit aufweist wurde in diesen Fällen zur Beschleunigung des Verdampfungsprozesses die Oberfläche auf eine Temperatur von ca. 50°C erhitzt. Mit der in Abbildung 34 gezeigten Küvette wurde die Kalibrierung ebenfalls bei dieser Temperatur durchgeführt. Die Schichtdickeninformation wurde aus einem Bildausschnitt von 3×3 Pixeln gemittelt und über der Zeit aufgetragen. Zunächst wurden Experimente mit Aceton als Tracer bei einer Konzentration von 0,1 Gew.-% in Wasser durchgeführt. In Abbildung 56 ist der zeitliche Verlauf der Schichtdicke nach dem Aufbringen eines Tropfens auf der Quarzplatte dargestellt. Es ist erkennbar, dass die aus dem LIF-Signal abgeleitete Schichtdicke (grüne Dreiecke) schneller abfällt als diejenige, die das Raman-Signal (rote Kreise) liefert. Während das Raman-Signal bei konstanten Versuchsbedingungen ausschließlich von der Anzahl der Raman-aktiven Moleküle und somit von der Schichtdicke abhängt, ist das LIF-Signal nicht nur eine Funktion der Filmdicke sondern wird ebenfalls durch die sich zeitlich verändernde Tracerkonzentration beeinflusst. Aufgrund der präferentiellen Verdampfung von Aceton aus der Lösung (vgl. Abbildung 9) nimmt die Konzentration an Tracermolekülen in der Lösung kontinuierlich ab. Das Verhältnis der Schichtdicke (d_{LIF} / d_{Raman}) der beiden Methoden kann als Indikator der Abweichung der Schichtdickeninformation beider Techniken angesehen werden. Bei einer – im Idealfall – anteilmäßigen Verdampfung des Tracers mit dem Lösungsmittel (Wasser) sollte das Verhältnis der ermittelten Schichtdicken unabhängig von der Zeit (d.h. Schichtdicke) beim Wert eins liegen.

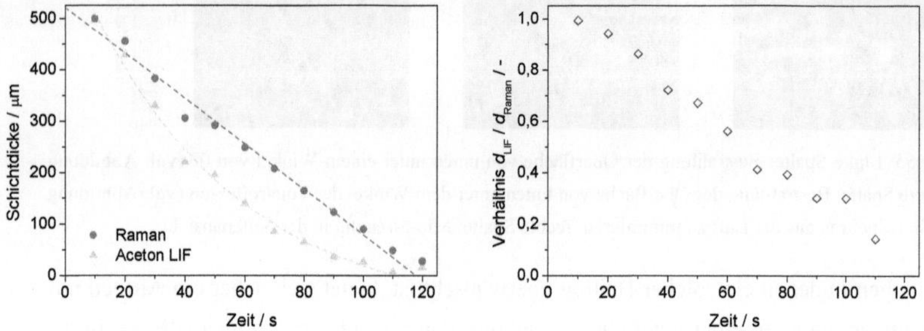

Abbildung 56: Links: zeitliche Entwicklung der Schichtdicke eines verdampfenden Flüssigkeitsfilms mit der simultanen Auswertung des Aceton-LIF- bzw. Raman-Signals (ausgefüllte Symbole). Die Linien sind eine Kurvenanpassung an die Messwerte. Rechts: d_{LIF} / d_{Raman} Verhältnisse der entsprechenden Schichtdickenwerte.

Die Ergebnisse in Abbildung 56 zeigen, wie auch schon die Gleichgewichtsberechnungen angedeutet haben (vgl. Abbildung 9), dass sich Aceton nicht als Tracer für Schichtdickenmessungen von Wasserfilmen eignet, da dieses Verhältnis (rechtes Diagramm) hier während des Verdampfungsprozesses von 1 bis auf 0,2 abnimmt.

Abbildung 57 zeigt die Ergebnisse des an die Verdampfungseigenschaften von Wasser besser angepassten Tracers Ethyl-Acetoacetat. Hierbei zeigen die LIF-Ergebnisse eine deutlich kleinere Abweichung zur gegebenen Schichtdicke, wie sie durch die Auswertung der Raman-Signale nahe gelegt wird. In diesem Fall ist erkennbar, dass das Schichtdickenverhältnis für EAA als Tracer bis zu einer Messzeit von ~75 s nahezu konstant bleibt, während bei den Aceton-Experimenten ein Abfall direkt vom Messbeginn an zu erkennen ist. Für EAA ist nach einer Messzeit von 120 Sekunden eine Abweichung der LIF- von den Raman-Messwerten von 20% erkennbar. Diese Differenz tritt bei Aceton bereits nach einer Zeit von ca. 30 Sekunden auf. Auffällig ist, dass die Zeit bis eine vollständige (im Rahmen der Messempfindlichkeit) Filmverdampfung vorliegt – bei nahezu gleicher Anfangs-Schichtdicke – bei den Experimenten mit EAA als Tracer ca. 50 Sekunden länger ist als bei den Aceton-Experimenten. Dies rührt nicht von der Filmgeometrie her, sondern ist auf die Heizung der Oberfläche zurückzuführen, die zu Unterschieden in der Filmaufheizung und somit zu einer veränderten Gesamtverdampfungszeit führen kann.

Anzumerken ist jedoch, dass auch EAA eine präferentielle Abreicherung aus der Flüssigphase zeigt. Daher ist insbesondere für die Bestimmung der Filmverdampfung die simultane Anwendung beider unabhängiger Messmethoden unabdingbar. Für vergleichbare Temperaturniveaus sowie Filmgeometrien, bei denen ein vergleichbarer zeitlicher Verlauf des Verhältnisses der Schichtdicken d_{LIF} / d_{Raman} angenommen werden kann, wäre es für weitere Versuche möglich allein aus den Daten des LIF-Kanals auf die tatsächliche Schichtdicke zurückzuschließen.

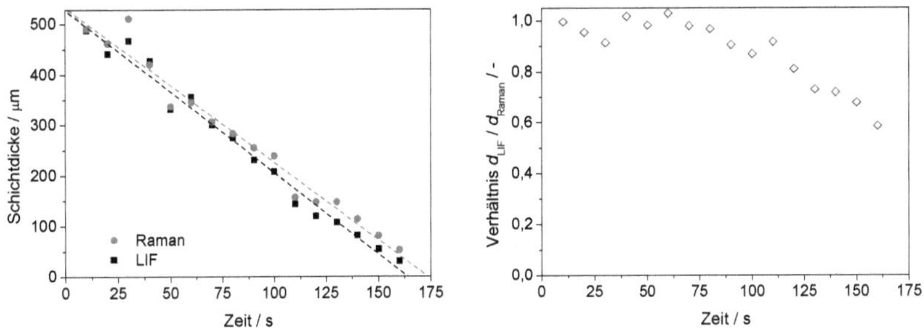

Abbildung 57: Links: zeitliche Entwicklung der Schichtdicke eines verdampfenden Flüssigkeitsfilms mit der simultanen Auswertung des Ethyl-Acetoacetat-LIF- bzw. Raman-Signals (ausgefüllte Symbole). Die Linien sind eine Kurvenanpassung an die Messwerte. Rechts: d_{LIF} / d_{Raman} Verhältnisse der entsprechenden Schichtdickenwerte.

Die Verdampfungsmessungen zeigen, dass die simultane Detektion des LIF- sowie Raman-Signals eine gute Möglichkeit darstellt eine Online-Kalibration des LIF Signals mittels der Raman-Information durchzuführen. Die hier gezeigten Experimente in ruhender Atmosphäre stellen den Fall einer langsamen Verdampfung oberhalb des Films dar. Dies kann als ein „worst-case" Szenario hinsichtlich der Tracerabreicherung angesehen werden, da aufgrund der langsamen Verdampfung das System sich immer im Gleichgewicht befindet. Schneller verdampfende Filme könnten das Problem der präferentiellen Verdampfung des Tracers verringern.

8.2. Strömungskanal

Im Anschluss an die grundlegenden Filmuntersuchungen, welche sich auf ein Modellsystem ohne Luftströmung und eine transparente Oberfläche beschränkten, soll im Folgenden ein näher an der technischen Anwendung liegender Fall untersucht werden. Ziel ist es das Messverfahren so zu modifizieren, um die Filmgeometrie und die Schichtdicke auf einer metallischen Oberfläche bei gleichzeitiger Luftströmung zu bestimmen. Hierzu wurde ein Strömungskanal mit optischen Zugängen verwendet, der ursprünglich für den Einsatz von planaren Lichtschnittmethoden zur Visualisierung von Mischungsvorgängen, wie sie bei der Abgasrückführung in motorischen Anwendungen auftreten, konzipiert wurde. Die in diesem Kanal (vgl. Kapitel 5.3) durchgeführten Messungen werden in den folgenden Kapiteln vorgestellt und erläutert.

8.2.1. Charakterisierung des Messaufbaus

Auch für diesen Aufbau wurde im Vorfeld der Messungen das Messsystem charakterisiert. Begonnen wurde mit dem Signal-Rausch-Verhältnis um auch hier eine Aussage bezüglich der benötigten Anzahl an Bildmittelungen zu erhalten. Im Weiteren wird auf das räumliche Auflösevermögen und auf die Dispersion des Abbildungssystems eingegangen.

8.2.1.1. Signal-Rausch-Verhältnis

Die in Abbildung 58 und Abbildung 59 gezeigten Signal-Rausch-Verhältnisse wurden analog zu der in Kapitel 8.1.1.1 beschriebenen Methode bestimmt. Es wurde ebenfalls ein Rechteck von 5×5 Pixeln bei einer konstanten Schichtdicke von 100 µm zur Berechnung herangezogen. Ziel ist auch hier die Ermittlung eines Mindestwertes an benötigten Mittelungen an Einzelbildern, ab der eine verlässliche Aussage bezüglich der Schichtdicke getroffen werden kann. Abbildung 58 zeigt einen vergleichbaren Trend zu den Messungen an der transparenten Quarzplatte (vgl. Abbildung 43). Auch hier ist ein Anstieg des Signal-Rausch-Verhältnisses mit steigender Anzahl an Mittelungen für den LIF- und Raman-Kanal ersichtlich. Der stärkere Abfall des Signal-Rausch-Verhältnisses im Raman- als Vergleich zum LIF-Kanal bei geringerer Anzahl gemittelter Bilder ist auch hier vorhanden.

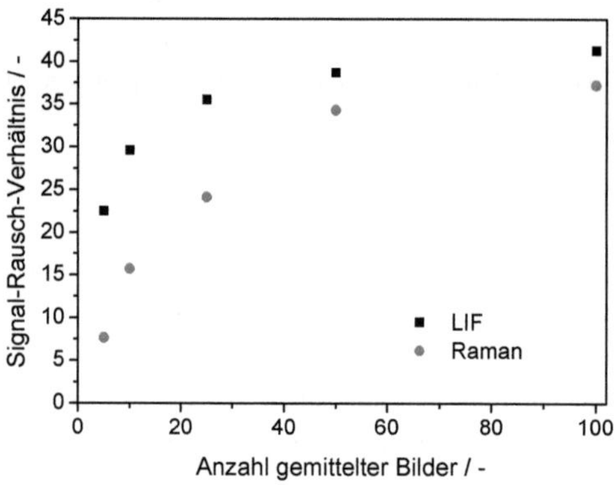

Abbildung 58: Signal-Rausch-Verhältnis für LIF und Raman berechnet aus der Standardabweichung des Mittelwertes eines 5×5 Pixel großen Bereichs jedes Einzelbildes und des Mittelwertes des über die jeweilige Anzahl gemittelten Bilder in Abhängigkeit der Anzahl der gemittelten Einzelbilder bei einer Schichtdicke von 100 µm.

Hinsichtlich der Auswertung des Signal-Rausch-Verhältnisses berechnet aus dem Mittelwert und der Standardabweichung innerhalb eines Quadrats (Abbildung 58) ist ebenfalls ein ähnlicher Trend zu den grundlegenden Untersuchungen (vgl. Abbildung 44) sichtbar. Auch hier steigt das Signal-Rausch-Verhältnis mit steigender Mittelungsanzahl an. Da für die Verdampfungsversuche im Strömungskanal kürzere Verdampfungszeiten erwartet werden als bei den grundlegenden Untersuchungen auf der Quarzoberfläche ohne Luftströmung, wurde hier eine

Anzahl von Mittelungen von 25 Einzelbildern ausgewählt. Dies stellt einen sinnvollen Kompromiss hinsichtlich der Signalqualität bei gleichzeitiger Verkürzung der Messzeit pro gemitteltes Bild dar.

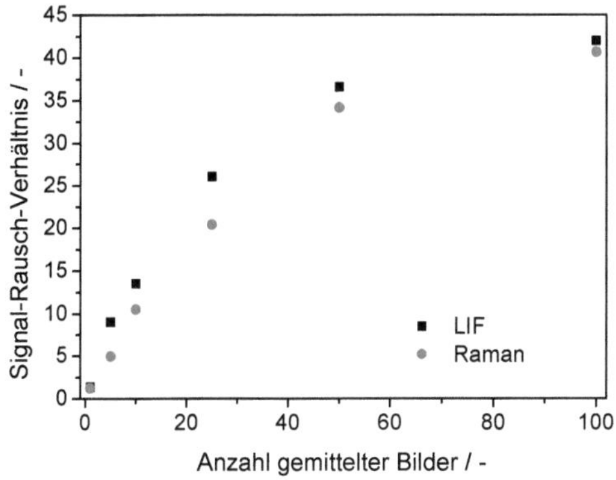

Abbildung 59: Signal-Rausch-Verhältnis für LIF und Raman berechnet aus dem Mittelwert und der Standardabweichung eines 5×5 Pixel großen Bereichs des Bildes in Abhängigkeit der Anzahl der gemittelten Einzelbilder bei einer Schichtdicke von 100 µm.

Der in Kapitel 5.3 vorgestellte Aufbau ist für eine simultane Detektion des LIF- und Raman-Signals der Probe konzipiert worden. Aufgrund der geringen Raman-Signalintensität sind Bildmittelungen nötig, um ein Signal-Rausch-Verhältnis zu erhalten, das eine präzise Schichtdickeninformation der Bilder zulässt. Des Weiteren muss aufgrund des stärkeren LIF-Signals die Signalintensität über Graufilter an die Raman-Signalstärke angeglichen werden, um den dynamischen Bereich des Kamerasystems auf beiden Kanälen vollständig ausnutzen zu können.

Eine Möglichkeit zur Steigerung des Signal-Rausch-Verhältnisses und einer damit einhergehenden Reduzierung der Anzahl der Bildmittelungen ist die alleinige Anwendung eines der beiden Messverfahren, da hier die Angleichung der Signalintensitäten nicht mehr nötig ist. Es wurde sich für das LIF-Verfahren entschieden, da es verglichen mit der spontanen Ramanstreuung höhere Signalintensitäten liefert. In Kapitel 8.2.3 wird dieser optimierte Aufbau beschrieben und hinsichtlich der Möglichkeit der Filmdickenmessung im Einzelschussverfahren bewertet.

8.2.1.2. Räumliches Auflösungsvermögen und Dispersion

Die Bestimmung des räumlichen Auflösungsvermögens des Messsystems wurde analog der Vorgehensweise in Kapitel 8.1.1.2 durchgeführt. Der Grenzwert für die Intensitätsmodulation des Signals, die eine Unterscheidung von räumlichen Strukturen zulässt wurde hier ebenfalls mit 5% angesetzt. Danach liefert der Messaufbau mit Image-Doubler bei einer räumlichen Dispersion von 200 µm/Pixel ein räumliches Auflösungsvermögen von 570 µm für den Ramankanal und von 580 µm für den LIF Kanal. Diese im Vergleich zu Kapitel 8.1.1.2 leicht variierenden Werte resultieren aus einem veränderten Abstand des Kamerasystems zur Messebene.

8.2.2. Filmpräparation mit Injektor

Die Filme wurden mit Hilfe des Injektor mit den in Kapitel 5.3 beschriebenen Parametern aufgebracht. Das Spray trifft im Bild von der linken Seite her kommend auf die Bodenplatte auf. Die Kanalströmung verläuft ebenfalls von der linken zur rechten Seite des Bildes. Abbildung 60 zeigt simultan aufgenommene und quantifizierte Bilder der beiden Beobachtungskanäle. In beiden Bildern sind drei in sich geschlossene, räumlich getrennte Filme erkennbar. Signalbeiträge außerhalb der Struktur sind auf die Ablagerung von kleinen Einzeltropfen zurückzuführen. Das Schichtdickenprofil entlang der weißen Linie (untere Bildzeile in Abbildung 60) illustriert diese Effekte. Erkennbar ist eine gute Übereinstimmung beider Beobachtungskanäle hinsichtlich der ermittelten Filmdicke, der Filmberandung sowie auch der Oberflächenkontur.

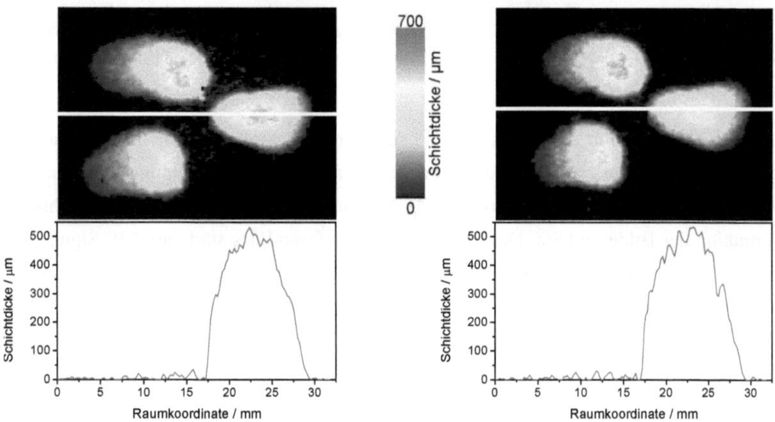

Abbildung 60: Über 25 Einzelbilder gemittelte 2D-Schichtdickenbilder (obere Reihe) mit dazugehörigem Schichtdickenprofil (untere Reihe) entlang der weißen horizontalen Linie mittels Tracer LIF (links) und spontaner Ramanstreuung (rechts). Die Kanalströmung verläuft von links nach rechts über den Film. Die Einspritzung geschah von der linken Seite.

8.2.3. Filmdickenmessung im Einzelschuss

Für heiße und somit schnell verdampfende Filme sowie auch zur Visualisierung schneller Prozesse wie der Bewegung der Filmoberfläche ist es nicht möglich, auf gemittelte Bildinformationen zurückzugreifen. Hier ist eine Messung der Schichtdicke im Einzelschuss notwendig. Im folgenden Abschnitt soll die Möglichkeit der Filmdickenbestimmung im Einzelschuss vorgestellt und bewertet werden.

Um Aufnahmen im Einzelschuss bei ausreichendem Signal-Rausch-Verhältnis durchführen zu können, wurde das Experiment hinsichtlich einer maximalen Signalstärke modifiziert (Abbildung 61). Dieser Aufbau entspricht in der Grundanordnung dem Aufbau, der in Kapitel 5.3 beschrieben ist. Es wird jedoch ausschließlich das LIF-Verfahren zur Bildgebung angewendet, da dieses eine hohe Signalstärke selbst bei sehr dünnen Filmen bietet. Somit können Signalverluste durch den Image-Doubler und den Schott NG5 Graufilter vermieden werden. Als Filter kamen der Kantenfilter sowie der Schott WG 320 zur Unterdrückung der Anregungswellenlänge zum Einsatz. Die räumliche Dispersion des Abbildungssystems in diesem Aufbau beträgt 95 μm/Pixel bei einem räumlichen Auflösungsvermögen von 350 μm. Die Aufnahmegeschwindigkeit des Kamerasystems ist auf 5 Hz beschränkt.

Insbesondere bei hohen Strömungsgeschwindigkeiten tritt aufgrund von Scherkräften eine Wellenbildung auf der Filmoberfläche auf. Ziel der im folgenden Abschnitt beschriebenen Experimente ist es über Einzelschussbilder diese Wellenbildung auf der Filmoberfläche zu visualisieren.

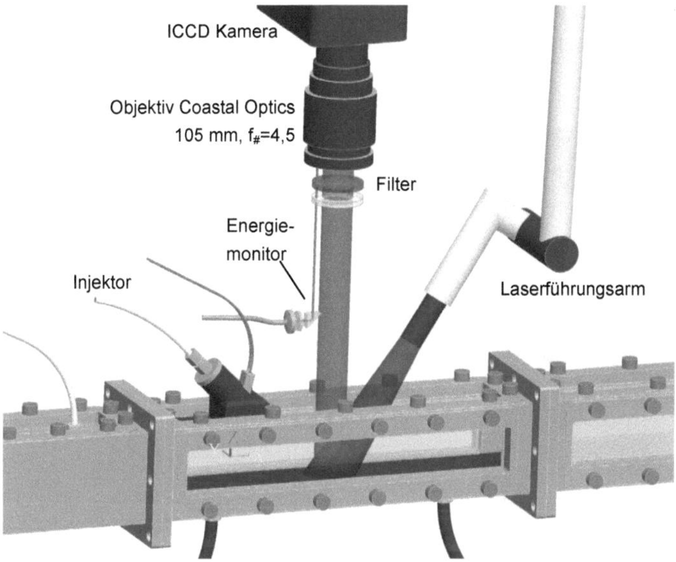

Abbildung 61: Versuchsaufbau Strömungskanal, bestehend aus Laserführungsarm zur Strahleinkopplung, Energiemonitor und ICCD Kamera, Luftströmung von links nach rechts.

Da hohe Strömungsgeschwindigkeiten bei einem Kanalquerschnitt von 50×50 mm^2 mit dem verwendeten Gebläse nicht erreicht werden können, wurde zur Steigerung der Strömungsgeschwindigkeit ein keilförmiger Staukörper (Abbildung 62) in den Kanal eingebracht, der den Strömungsquerschnitt verkleinert und somit die Strömungsgeschwindigkeit auf einen Wert von 14 m s^{-1} erhöht.

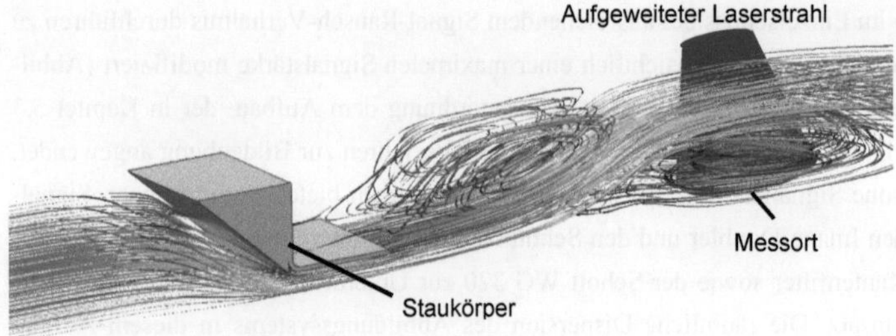

Abbildung 62: Keilförmiger Staukörper mit anschließendem Blech mit einer Höhe von 40 mm zur Verengung des Kanalquerschnitts und Erzeugung einer turbulenten Strömung [67].

Aufgrund der Form des Körpers kommt es zu einer Strömungsablösung am hohen Keilende, und somit zu einer turbulenten Strömung der Luft am Ort der Filmaufbringung. Die hohe Strömungsgeschwindigkeit führt zu einem Filmtransport und somit auch zu einem Verschmelzen der drei einzelnen in Abbildung 60 sichtbaren Flüssigkeitslachen auf der Unterlage. Abbildung 63 zeigt eine Folge von aufgenommenen Bildern der Einzelschussmessungen. Die weiße Linie ist ein Profilschnitt, dessen Kontur in der rechten Spalte der Abbildung gezeigt ist.

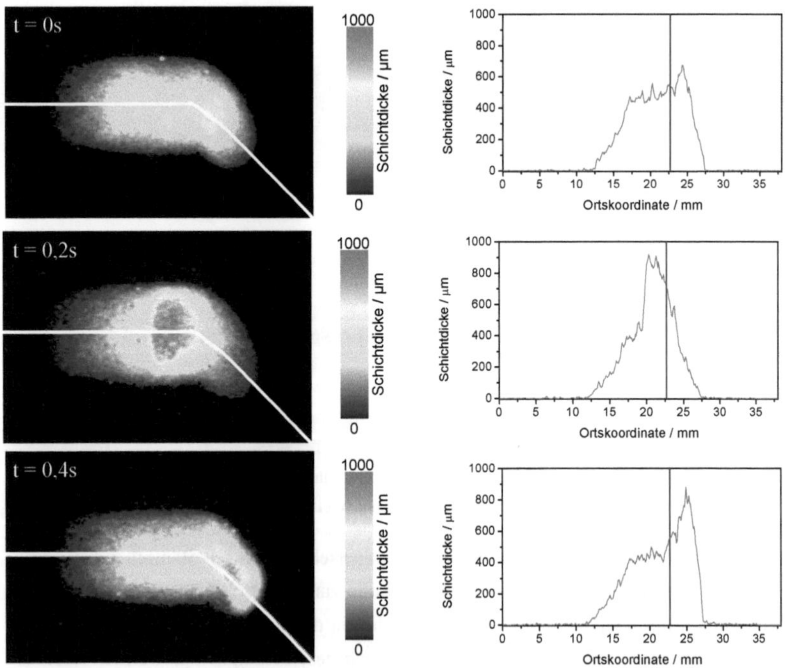

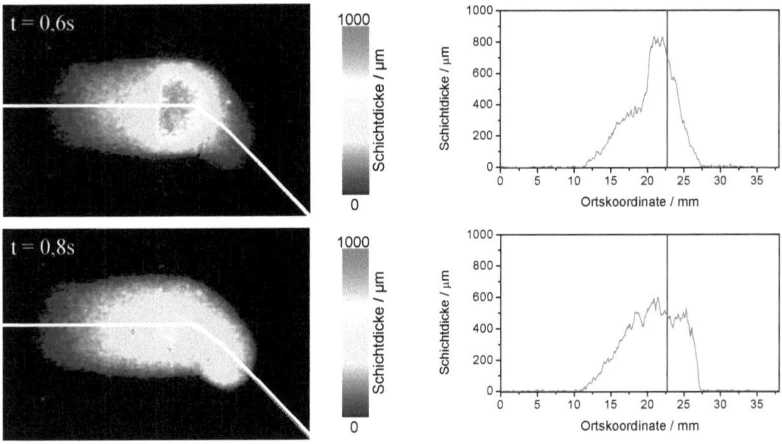

Abbildung 63: linke Spalte: LIF-Einzelschussbilder eines Flüssigkeitsfilms mit aufgeprägter Luftströmung; rechte Spalte: Über drei Zeilen gemittelter Schichtdickenprofilschnitt entlang der weißen Linie in den 2D Bildern, Die blaue Trennlinie kennzeichnet den Abknickpunkt des Profilschnitts in den 2D-Bildern, die Kanalströmung verläuft von links nach rechts über den Film.

Erkennbar ist eine Art Flüssigkeitsanhäufung im Film, welche sich auf der Oberfläche des Films in Strömungsrichtung nach rechts und wieder nach links bewegt. Aufgrund der turbulenten Luftströmung wird der Filmoberfläche eine Wellenbewegung aufgeprägt, welche in Abbildung 63 erkennbar ist.

Um eine Aussage bezüglich der Signalqualität mit dieser „Ein-Kanal-Detektion"-Anordnung treffen zu können, wurden das Signal-Rausch-Verhältnis in Abhängigkeit der Filmdicke für das oben beschriebene Abbildungssystem anhand der Bilder aus Abbildung 63 bestimmt. Die Ergebnisse sind in Abbildung 64 dargestellt. Es ist zu erkennen, dass das Signal-Rausch-Verhältnis mit steigender Schichtdicke zunimmt. Weiter ist ersichtlich, dass auch noch bei Schichtdicken im Bereich von 100 µm ein Signal-Rausch-Verhältnis von ca. 35 erreicht wird, während Einzelschussbilder mit dem ursprünglichen Aufbau (Abbildung 26) einen Signal-Rausch-Verhältnis-Wert von zwei lieferten (vgl. Abbildung 59).

Weiter ist aus Abbildung 63 sowie Abbildung 64 ersichtlich, dass der Dynamikbereich des Detektors ausreichend groß ist um kleine Schichtdicken im Bereich von 50 µm, wie sie im Randbereich des Films auftreten neben dicken Filmen in einem Bereich von mehreren hundert Mikrometern bei ausreichend großem Signal-Rausch-Verhältnis aufzulösen.

Auf Basis der in Abbildung 63 gezeigten Einzelschussbildern und dem daraus berechneten Signal-Rausch-Verhältnis (Abbildung 64) konnte gezeigt werden, dass die Möglichkeit besteht Filmdicken und Konturen der Filmoberfläche eines nicht verdampfenden Films im Einzelschussverfahren zu bestimmen. Für verdampfende Filme kann jedoch nur eine qualitative

Aussage bezüglich der Schichtdicke getroffen werden, da der Grad der Abreicherung des Tracers aus der Lösung nicht bekannt ist.

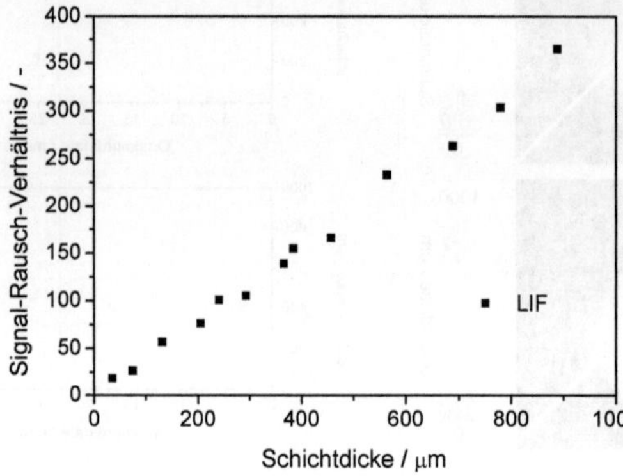

Abbildung 64: Signal-Rausch-Verhältnis für LIF berechnet aus dem Mittelwert und der Standardabweichung eines 5×5 Pixel großen Bereichs eines Einzelbildes in Abhängigkeit der Schichtdicke.

Eine Möglichkeit zur Reduzierung des Bildrauschens für eine präzisere Abbildung der Filmoberfläche wäre der Einsatz eines nicht bildverstärkten, rückbeleuchteten CCD-Kamerasystems. Salazar et al. [68] verglichen eine bildverstärkte CCD-Kamera mit einer nichtintensivierten CCD-Kamera und stellten ein um den Faktor drei bis vier geringeres Ausleserauschen bei dem CCD-Kamerasystem unter identischen Versuchsbedingungen fest. Da jedoch ein CCD-System eine geringere, maximale Bildverstärkung, relativ zu einem ICCD-System bietet, muss hier ein Objektiv mit möglichst geringer Blendenzahl zum Einsatz kommen, um ein möglichst hohes Signal-Rausch-Verhältnis zu erzielen. Ein Objektiv, das diese Anforderungen erfüllen würde, wäre das UV-Lens 45/F1.8 (Typ–Nr.: Cerco 2073) der Firma EADS Sodern mit einer Blendenzahl von $f_{\#}$ = 1,8 und einer Brennweite von 45 mm.

8.2.4. Phase Sampling

Analog zu den Messungen in Kapitel 8.1.4 wurden für das Experiment am Strömungskanal ebenfalls Phase-Sampling-Messungen durchgeführt. Auch hier wurden für bestimmte Zeitpunkte nach Einspritzbeginn Bilder aufgenommen und über 50 einzelne Einspritzvorgänge gemittelt. Durchgeführt wurden die Versuche mit dem in Kapitel 5.3 beschriebenen Aufbau zur simultanen LIF- und Raman-Detektion. In der linken Spalte der Abbildung 65 sind die Ergebnisse des LIF-Kanals dargestellt, die rechte Spalte stellt den Ramankanal dar. Eine simultane Mie-Messung war hier nicht durchführbar, da eine seitliche Beobachtung nur eingeschränkt möglich war und die Oberfläche, auf der sich der Film ausbildet in einer seitlichen Aufnahme nicht erfasst werden konnte.

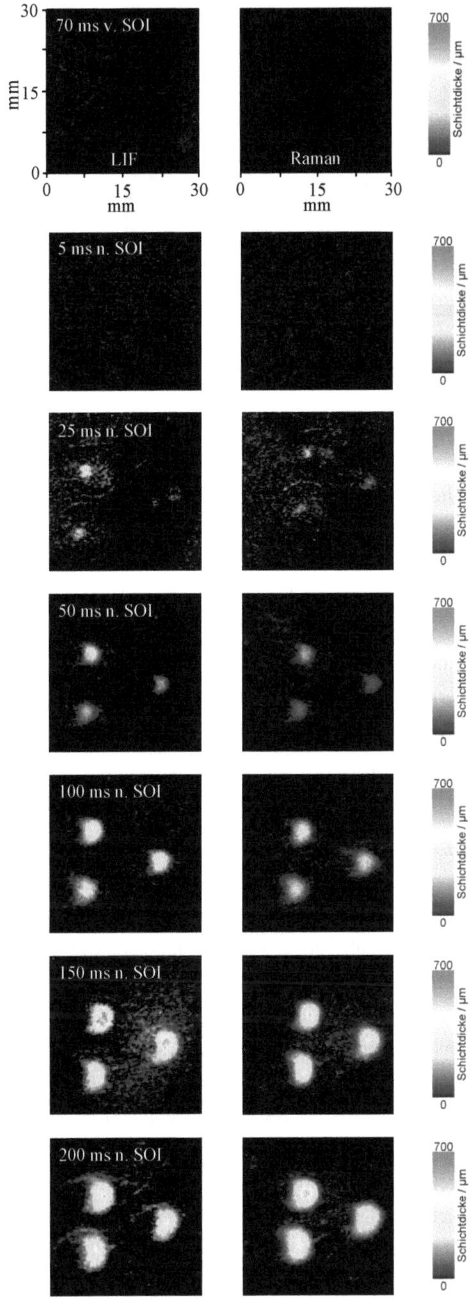
70 ms v. SOI
5 ms n. SOI
25 ms n. SOI
50 ms n. SOI
100 ms n. SOI
150 ms n. SOI
200 ms n. SOI
LIF
Raman
mm
0
15
30
Schichtdicke / µm
700
0

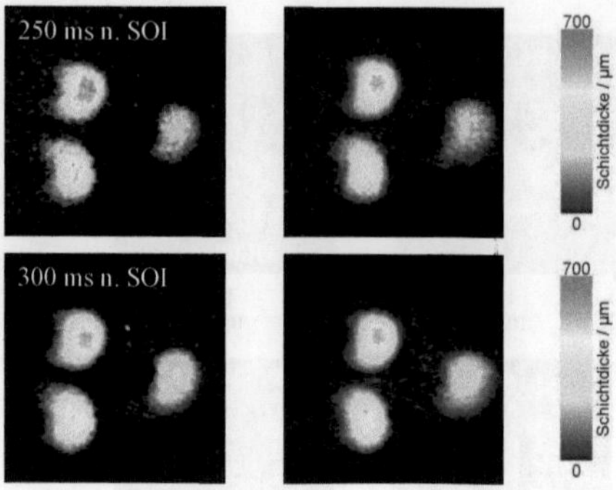

Abbildung 65: Quantifizierte LIF- (linke Spalte) und Ramanbilder (rechte Spalte) eines zeitlich abgerasterten Einspritzvorgangs.

Anders als bei den Phase-Sampling-Untersuchungen auf der transparenten Quarzplatte (vgl. Abbildung 51) beginnen die drei einzelnen Flüssigkeitsfilme der drei Einspritzstrahlen hier nicht miteinander zu koagulieren. Dies beruht auf zwei Effekten. Zum einen durch die leicht geänderten geometrischen Bedingungen (Neigungswinkel sowie Abstand des Injektors von der Quarzplatte). Durch den Abstand des Injektors von der Platte von ca. 70 mm ist der Abstand der drei einzelnen Auftreffpunkte größer, so dass ein Zusammenlaufen weniger einfach möglich ist. Der wesentlichere Effekt ist jedoch auf die Rauhigkeit der Oberfläche zurückzuführen. Während die Quarzoberfläche der Grundlagenversuche eine nahezu ideal glatte Fläche darstellt, ist die Aluminiumoberfläche des Strömungskanals mit einer größeren Oberflächenrauhigkeit beschaffen. Dies verhindert ein Zusammenlaufen der einzelnen Filme.

8.2.5. Signalbeitrag der Einspritzstrahlen

Auffällig ist im Vergleich zu den Phase-Sampling-Untersuchungen in Kapitel 8.1.4, dass in Abbildung 65 kein Signalbeitrag der Einspritzstrahlen oberhalb des Films erkennbar ist. Eine Vermutung wäre, dass aufgrund der geringen Tiefenschärfe des Abbildungssystems das schwache Signal der Flüssigkeitsstrahlen nicht in der Fokussierebene liegt und somit nicht scharf auf dem Detektor abgebildet werden kann. Das würde dazu führen, dass das Signal aufgrund der Unschärfe und der damit verbundenen geringeren maximalen Signalintensität nicht mehr vom Hintergrund unterscheidbar wäre. Zur weiteren Klärung wurde der Versuchsaufbau (vgl. Abbildung 26) dahingehend verändert, dass die Oberfläche, auf der sonst die Filme auftreffen entfernt wurde. Somit können die Spraykeulen ungehindert die Messebene passieren, so dass bei Laserbestrahlung nur LIF von in Luft vorhandener Sprayflüssigkeit und nicht aufgrund der Filmbildung auftreten sollte. Abbildung 66 zeigt die über 50 Einzelbilder gemittelten Ergebnisse dieses Versuchs. In der linken Hälfte der Abbildung ist das Bild des LIF Kanals inklusive eines Profilschnitts entlang der weißen Linie dargestellt. Die rechte Hälfte zeigt die Ergebnisse des Ramankanals. Der Profilschnitt wurde jeweils über zehn Bildspalten gemittelt.

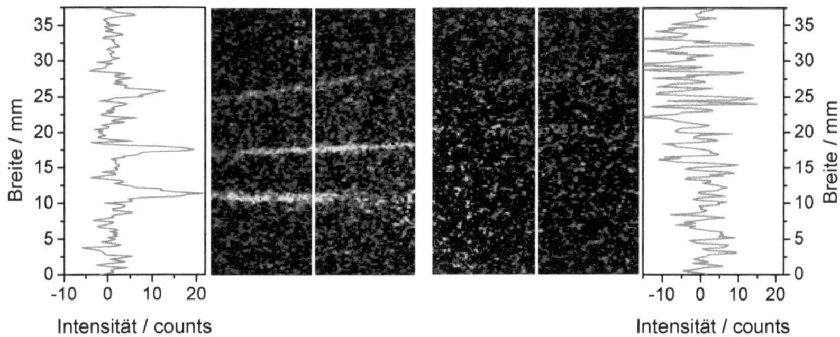

Abbildung 66: Linke Seite: Über 50 Einzelbilder gemitteltes LIF-Bild inkl. über zehn Bildspalten gemittelter Profilschnitt entlang der weißen Linie zur Detektion der Einspritzstrahlen; Rechte Seite: gleiche Verhältnisse für das Raman-Bild.

Im LIF-Kanal sind deutlich die drei Einspritzstrahlen des Injektors erkennbar. Diese heben sich sichtbar gegen das Hintergrundrauschen ab. Aufgrund der schwächeren Signalintensität sind dagegen im Raman-Kanal keinerlei Indizien für Strahlen vor dem Hintergrund erkennbar. In Absolutwerten sind im LIF-Kanal Signalintensitäten von 20 counts im Maximum detektiert worden (bei einem Signal-Rausch-Verhältnis von 5,7). Eine Quantifizierung dieser Signale würde Schichtdicken in der Größenordnung von 2 µm liefern, welche in der Filmbildung nicht mehr auflösbar sind. Diese Ergebnisse widerlegen die ursprüngliche Vermutung, dass die Tiefenschärfe des Abbildungssystems eine Auflösung der Strahlen verhindert. Vielmehr ist der dynamische Bereich nicht ausreichend um das schwache Signal der Strahlen neben dem Signal des Flüssigkeitsfilms für diesen Messaufbau aufzuzeigen. Als Unterschied zu den grundlegenden Untersuchungen (Kapitel 8.1.5) ist hier der Abstand des Kamerasystems zur Messebene größer, so dass ein kleinerer Raumwinkel erfasst wird und damit auch weniger Signal den Detektor erreicht.

8.2.6. Filmverdampfung

Mittels simultaner Detektion des LIF- sowie Raman-Signals wurde die zeitliche Variation der Schichtdicke eines auf der Metallplatte verdampfenden Films untersucht. Zur Beschleunigung des Verdampfungsvorgangs wurde die Oberflächentemperatur auf einen Wert von 55°C eingeregelt. Die Schichtdickeninformation wurde aus einem Bildausschnitt von 3×3 Pixeln gemittelt und über der Zeit aufgetragen.

8.2.6.1. Tracer Aceton

In einem ersten Schritt wurden die Experimente mit Aceton als Tracer in einer Konzentration von 0,1 Gew.-% durchgeführt. Um den Einfluss der Luftströmung auf die Schichtdickenabnahme zu untersuchen wurden zu Beginn die Versuche ohne Kanalströmung durchgeführt. Wie Abbildung 67a zeigt, beträgt dann die Verdampfungsdauer des Films ca. 150 Sekunden. Anschließend wurde der Versuch mit zugeschalteter Kanalströmung wiederholt (Abbildung 67b).

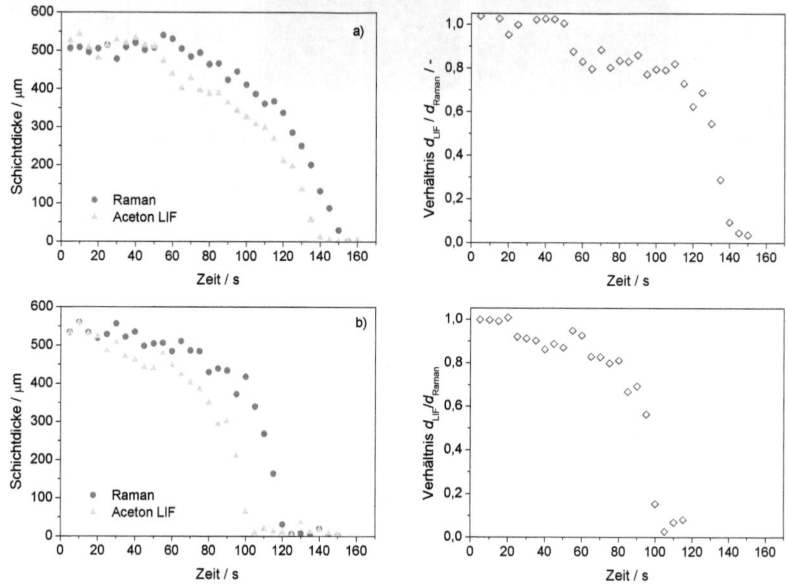

Abbildung 67: Filmverdampfung im Strömungskanal, gemessen simultan mittels H_2O Raman sowie Aceton LIF, a): mit abgeschalteter Kanalströmung, b): mit eingeschalteter Kanalströmung. Oberflächentemperatur 55°C.

Erkennbar ist eine signifikant kürzere Verdampfungszeit von 120 Sekunden. In beiden Fällen ist in Abbildung 67 erkennbar, dass die Information aus dem LIF-Signal einen schnelleren Abfall der Schichtdicke vortäuscht, als es mittels des Raman-Signals tatsächlich der Fall ist. Das Verhältnis der beiden Schichtdicken (d_{LIF} / d_{Raman}) kann als Indikator für die Abweichung der Schichtdickeninformation aus beiden Messmethoden angesehen werden. Ein kontinuierlicher Abfall des Verhältnisses bis auf einen Wert von 0,5 zeigt deutlich die präferentielle Verdampfung des Tracers aus der wässrigen Lösung.

Die Bildung des Verhältnisses der beiden Schichtdicken liefert ebenfalls eine Information über die Verdampfungshistorie des Films. Dies bedeutet, dass im Idealfall Bereiche schnellerer Tracerverdampfung einen kleineren Verhältniswert zeigen müssten als Bereiche langsamer Verdampfung. Zur Untersuchung dieses Effektes wurden die zweidimensionalen Bilder durcheinander dividiert um das Verhältnis zu berechnen (Abbildung 68). Zuvor wurde ein 3×3 Glättungsfilter auf beide Bilder angewendet, um Rauscheffekte zu verringern. Ein Schwellwert dient zur Unterdrückung von Werten außerhalb der Filmkontur, die keine Aussagekraft besitzen. Die Berechnung wurde für zwei verschiedene Zeitpunkte während des Verdampfungsprozesses durchgeführt. Erkennbar ist in beiden Fällen in der Mitte des Films ein Bereich mit einem konstanten Verhältnis welches sich mit der Zeit ändert. Im Randbereich kommt es jedoch zu Überhöhungen bzw. sehr geringen Werten des Verhältniswertes, was in der nur unzureichenden Präzision des Bildmappings begründet ist. Bereits Bildverschiebungen um einen Pixel liefern in den Randbereichen deutlich veränderte Verhältniswerte, während im Inneren der Kontur die Schwankung deutlich geringer ausfällt.

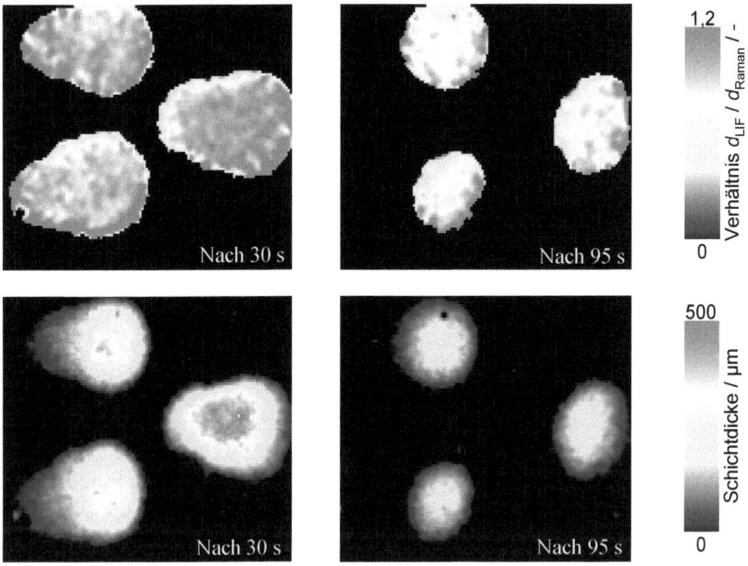

Abbildung 68: Obere Zeile: Berechnetes 2D-Verhältnis d_{LIF} / d_{Raman} während der Verdampfung von Wasser/Aceton Filmen für die Zeitpunkte 30 sowie 95 s nach Filmaufbringung; Untere Zeile: quantifiziertes Schichtdickenbild (Raman-Kanal) des Flüssigkeitsfilms für die Zeitpunkte 30 und 95 s nach Filmaufbringung.

8.2.6.2. Tracer Ethyl-Acetoacetat

Abbildung 69 zeigt die Ergebnisse der Versuche mit Ethyl-Acetoacetat als Tracer. Es wurden analog zu den Experimenten mit Aceton Versuche mit und ohne Kanalströmung durchgeführt. Zur direkten Vergleichbarkeit mit dem Aceton-Experiment (Abbildung 67) blieben die Parameter Einspritzdauer, Einspritzdruck sowie Wandtemperatur unverändert. Erkennbar ist hier eine deutlich kleinere Abweichung der über die LIF- bzw. Raman-Signale ermittelten Schichtdicken. Das Verhältnis fällt nach einer Verdampfungszeit von 120 Sekunden für den Fall a) (ohne Luftströmung) auf einen Wert von 0,9, während bei den Acetonversuchen nach gleicher Zeit ein Wert von 0,6 erreicht wird.

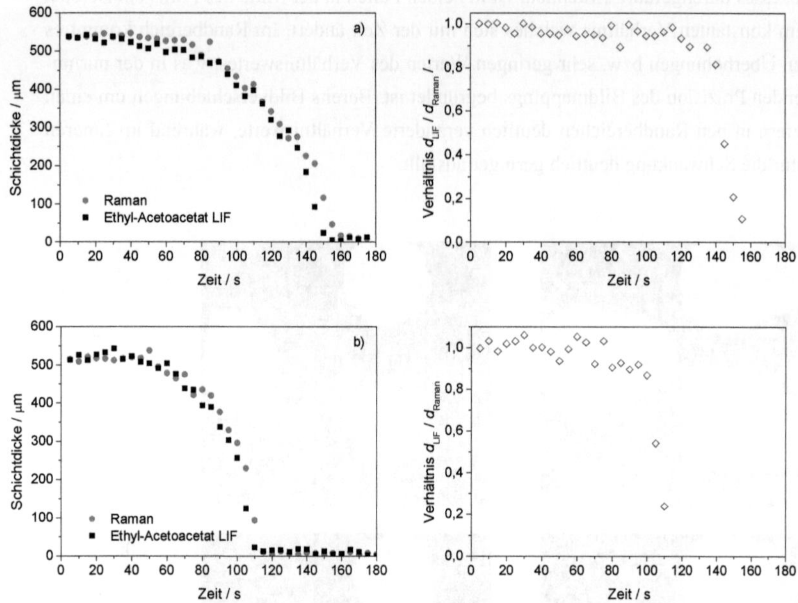

Abbildung 69: Filmverdampfung im Strömungskanal simultan mittels H_2O Raman sowie Ethyl-Acetoacetat LIF gemessen, a): mit abgeschalteter Kanalströmung, b): mit eingeschalteter Kanalströmung. Wandtemperatur 55°C.

Wie auch in Abbildung 68 ersichtlich treten bei der zweidimensionalen Verhältnisberechnung dieselben Effekte der unzureichenden Genauigkeit der Bildentzerrung auf. Erkennbar ist für beide Zeitpunkte ein annähernd konstantes Verhältnis, was auf eine nur geringe Abreicherung des Tracers aus der Lösung hindeutet.

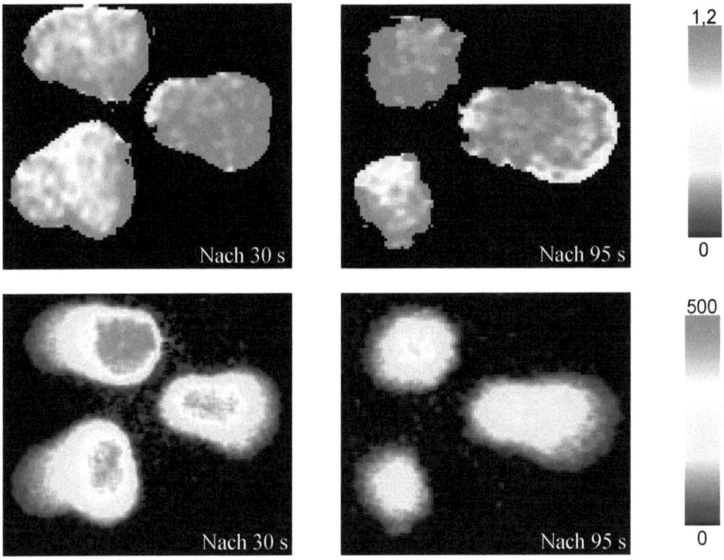

Abbildung 70: Obere Zeile: Berechnetes 2D-Verhältnis d_{LIF} / d_{Raman} während der Verdampfung von Wasser/EAA für die Zeitpunkte 30 sowie 95 s nach Filmaufbringung; Untere Zeile: quantifiziertes Schichtdickenbild (Raman-Kanal) des Flüssigkeitsfilms für die Zeitpunkte 30 und 95 s nach Filmaufbringung.

Aufgrund der Ungenauigkeiten kann die Verhältnisbildung lediglich einen Anhaltswert der Tracerabreicherung bieten und nicht als Maß für die räumlich aufgelöste Verdampfung darstellen.

9. Zusammenfassung / Ausblick

In vielen technischen Prozessen spielen Wandfilme eine zentrale Rolle. Dies können neben gewünschten Effekten auch unerwünschte Erscheinungen sein, die es zu vermeiden gilt. Eine genaue Kenntnis der Wandfilmbildung ist für eine Optimierung des Verfahrens unabdingbar. Zum besseren Verständnis dieser Zusammenhänge bieten sich zeitaufgelöste, bildgebende und berührungslose Messmethoden an, die Informationen der Filmgeometrie sowie der Schichtdicke unter möglichst realistischen Bedingungen liefern. Hierbei besteht besonderes Interesse hinsichtlich der Filmbildung während der Einspritzung sowie auch der anschließenden Filmverdampfung. Herkömmliche Messmethoden liefern entweder punktförmige Informationen für verdampfende Wasserfilme, oder eine räumliche Auflösung für nicht verdampfende Systeme.

Ziel dieser Arbeit war es, ein Messverfahren zu entwickeln, das verdampfende Wasserfilme auf einer Oberfläche räumlich aufgelöst erfassen und hinsichtlich der Schichtdicke quantifizieren kann. Es wurden die berührungslosen, optischen Messtechniken der Laser-induzierten Fluoreszenz von zugesetzten Tracersubstanzen, sowie der spontanen Ramanstreuung an Wassermolekülen angewendet und auf die Messaufgabe adaptiert. Diese bieten neben einer hohen räumlichen auch eine zeitliche Auflösung zur Detektion von sich zeitlich verändernden Filmgeometrien.

Für die Anwendung der beiden Messmethoden wurden die Absorptions- und Fluoreszenzeigenschaften der zugesetzten Tracermoleküle bzw. des Lösungsmittels bestimmt. Hierzu wurden Messungen hinsichtlich der Transmission sowie der Fluoreszenz in entsprechenden Spektrometern durchgeführt. Dabei ergab sich, dass Harnstoff kein geeignetes Fluoreszenzsignal aufweist. Somit muss eine Markersubstanz der Lösung hinzugegeben werden, dessen Fluoreszenz detektiert wird. Für verdampfende Wasserfilme sind Tracer notwendig, die ein koevaporatives Verhalten zum Lösungsmittel zeigen und sich nicht in der Flüssigphase an- oder abreichern. Des Weiteren sollten sie nur in geringer Menge dem Lösungsmittel zugesetzt werden müssen, um die Stoffeigenschaften des Lösungsmittels nicht maßgeblich zu verändern. Die Möglichkeit einer Anregung mit einer Wellenlänge von 266 nm und ein spektral von elastischem Streulicht trennbares Fluoreszenzsignal sind weitere Bedingungen die an den Tracer gestellt wurden. Herkömmliche Tracer wie Aceton oder 3-Pentanon scheiden für Wasserfilmuntersuchungen aufgrund ihrer Flüchtigkeit aus. Es wurden die Substanzen Ethyl-Acetoacetat und Benzylalkohol ausgewählt und hinsichtlich ihrer Eignung geprüft. Diese Prüfung war neben der spektralen Analyse, der Untersuchung der Temperaturabhängigkeit der Fluoreszenz und der Tracerausbleichung während der Messung rechnerische Betrachtungen der Verdampfungseigenschaften. Die Untersuchungen zeigten, dass Ethyl-Acetoacetat die Anforderungen erfüllt und wurde somit für die Versuche ausgewählt. Weitere Argumente, die für einen Einsatz von Ethyl-Acetoacetat sprechen sind, die geringe Toxizität der Substanz und der Preis, der mit herkömmlichen Tracern wie Aceton vergleichbar ist.

Zur Quantifizierung der Messung wurden die Verfahren an Schichten bekannter Dicke kalibriert. Diese Kalibration liefert eine Aussage über den Zusammenhang der detektierten Signalintensität von der eingestellten Schichtdicke. Während das Raman-Signal linear mit steigender Schichtdicke ansteigt, zeigen die Kalibrierkurven des Fluoreszenzverfahrens für eine Konzentration von 0,1 Gew.-% ebenfalls einen linearen Zusammenhang für Schichten bis zu 1000 µm Dicke, welcher für höhere Konzentrationen nicht mehr gegeben ist. Für den Image-Doubler-Aufbau wurden die Messfehler für Bildmittelungen über 50 Einzelbilder bestimmt. Diese liegen für den LIF-Detektionskanal, die bei einer Tracerkonzentration von 0,1 Gew.-% entstehen, bei einer Schichtdicke von 500 µm in einem Bereich von ±35 µm (± 7%). Der Raman-Kanal weist einen Fehler bei 500 µm von ±30 µm (± 6%) auf. Ein mathematisches Modell dient zur Bestätigung der Messergebnisse und zeigt vergleichbare Verläufe. Da die Experimente mit einer optisch dünnen Lösung durchgeführt werden sollten, in der keine merkliche Laserabsorption stattfindet, wurde für sämtliche Messungen eine Tracerkonzentration von 0,1 Gew.-% ausgewählt.

Die Schichtdickenmessung von Flüssigkeitsfilmen wurde in einem ersten Schritt auf einer transparenten Quarzglasoberfläche durchgeführt. Hierzu wurden diese mit dem aufgeweiteten Laserstrahl eines frequenzvervierfachten Nd:YAG-Lasers bei einer Wellenlänge von 266 nm angeregt. Die Detektion wurde in Rückwärtsstreuung ebenfalls durch die Quarzoberfläche durchgeführt. Zur simultanen Detektion wurde ein Image-Doubler verwendet, so dass die LIF- sowie Raman-Signale zeitgleich auf dem Detektor abgebildet werden können. Über einen Energiemonitor wurde die Laserenergie simultan in jedem Bild abgespeichert. Hierfür wurde eine Küvette mit einer Rhodamin B-Lösung gefüllt und ein Teil des Laserstrahls durch diese Küvette geleitet. Die Fluoreszenz wurde in jedes Bild eingeblendet und diente als Maß für die Energie des Laserpulses. Nach grundlegenden Untersuchungen auf einer transparenten Oberfläche wurden Versuche an einem technischen System, einem Strömungskanal durchgeführt. Hierbei wurden die Filme auf einer temperierbaren, eloxierten Aluminiumoberfläche aufgebracht und von der Oberseite her mit dem Laser angeregt. Metallische Oberflächen neigen bei Laserbeschuss zu einer breitbandigen Emission, welche das zu detektierende Fluoreszenz- bzw. Raman-Signal störend überlagern kann. Spektral aufgelöste Messungen identifizierten den Spektralbereich sowie die Intensität, in der das Störsignal auftritt. Die Schwärzung der Oberfläche durch eloxieren brachte eine Reduktion des Signals um einen Faktor zwölf, so dass dieses signifikant geringer als das Messsignal war. Über einen Abzug kann der Hintergrund vom Messignal subtrahiert werden.

Neben der Bildgebung von manuell aufgebrachten Filmen sind dynamische Effekte während der Spray-Wand-Interaktion von Interesse. Hierfür wurden für diskrete Zeitschritte während des Einspritzvorgangs Bilder aufgenommen, die Aufschluss über die Filmformation liefern. Ein Vergleich der auf der Platte abgelagerten Flüssigkeitsmasse mit der tatsächlichen Einspritzmasse zeigt mit steigender Einspritzdauer eine größer werdende Diskrepanz von ca. 10% bei einer Einspritzdauer von 300 ms, während diese zu Beginn der Einspritzung nicht vorhanden ist. Dies beruht darauf, dass während der Einspritzung Sekundärtropfen durch Sprayaufbruch sowie auch durch ein Abprallen der Einspritzstrahlen von der Oberfläche gebildet werden und sich als Sprühnebel auf der Oberfläche außerhalb der geschlossenen Filmkontur ablagern.

Das zeitliche Verhalten des Flüssigkeitsfilms während eines Verdampfungsvorgangs wurde durch die bildgebenden Verfahren in diskreten Zeitschritten abgerastert und Schichtdickenverläufe aus den LIF- bzw. Raman-Detektionskanälen in einem begrenzten räumlichen Gebiet bestimmt. Das berechnete Verhältnis $d_{\mathrm{LIF}} / d_{\mathrm{Raman}}$ der beiden Schichtdickeninformationen liefert eine Aussage bezüglich der Abreicherung des Tracers aus der Lösung. Je geringer dieses Verhältnis ausfällt, desto größer ist die Abreicherung des Tracers aus der Flüssigkeit. Zu Beginn liefern beide Signale eine identische Schichtdicke, welche für den LIF-Kanal stärker abnimmt als für den Raman-Kanal. Vergleichende Messungen mit Aceton als Tracer zeigen eine deutlich stärkere präferentielle Verdampfung aus der Lösung, während diese für Ethyl-Acetoacetat deutlich geringer ausfällt aber immer noch vorhanden ist.

Für sich zeitlich schnell ändernde Filmgeometrien oder schnelle Verdampfungsprozesse ist ein Messverfahren nötig, das Informationen im Einzelschuss liefern kann. Anhand von Wellenstrukturen auf der Filmoberfläche wurde gezeigt, dass das LIF-Verfahren ausreichend große Signal-Rausch-Verhältnis-Werte aufweist um Schichtdickenmessungen im Einzelschuss zu ermöglichen.

Der Tracer Ethyl-Acetoacetat zeigt für verdampfende Filme eine deutliche Verbesserung hinsichtlich der Abreicherung gegenüber kommerziellen Tracern wie Aceton. Allerdings zeigten die Gleichgewichtsberechnungen noch eine geringe präferentielle Verdampfung aus der Lösung. Diese wurde im Vergleich zu Aceton bereits um einen Faktor von mehr als 17 verringert, besteht jedoch immer noch in geringem Maße. Weitere Untersuchungen an alternativen Tracern oder Tracermischungen mehrerer Substanzen könnten ein Marker hervorbringen, der für den angestrebten Temperaturbereich ein noch besser angepasstes Verdampfungsverhalten an das Lösungsmittel aufweist.

Als ein Beispiel einer technischen Anwendung wurde das SCR-Verfahren, ein Abgasnachbehandlungsverfahren zur Stickoxidreduzierung bei modernen Dieselmotoren vorgestellt. Die spektroskopischen Eigenschaften von Harnstoff-Wasserlösungen hinsichtlich deren Absorptions- sowie Fluoreszenzeigenschaften zeigen, dass sich Harnstoff selbst nicht als Tracer zur Schichtdickenbestimmung eignet. Hier würde sich das in dieser Arbeit entwickelte Messverfahren anbieten, um wässrige Flüssigkeitsfilme im Abgassystem des Dieselmotors zu bestimmen und zu quantifizieren.

Sämtliche in dieser Arbeit vermessenen Flüssigkeitsfilme zeigen eine gekrümmte Oberflächenkontur mit maximaler Dicke in der Mitte des Films. Beim Durchgang des Laserstrahls durch den Flüssigkeitsfilm kann es zu Fokussierungs- oder Defokussierungseffekten der an der Filmoberfläche reflektierten Strahlen kommen, was einen Einfluss auf die detektierte Signalintensität haben kann. Systematische, experimentelle Untersuchungen sowie Berechnungen könnten hier weitere Informationen liefern, die in der Bildauswertung berücksichtigt werden könnten. Raytracing-Simulationen würden hier Aufschluss über die Ausbreitung des Anregungslichtes innerhalb des Films liefern, während Messmethoden wie das Schlierenverfahren oder eine Schattenwurftechnik zusätzliche Informationen hinsichtlich der Filmberandung sowie der Oberflächenbeschaffenheit liefern könnten.

Mit dieser Arbeit wurde erstmals ein optisches Messverfahren vorgestellt, welches es ermöglicht, die Schichtdicke wässriger, verdampfender Flüssigkeitsfilme zwei-dimensional zu bestimmen. Das Verfahren kann für vielfältige, technische Anwendungen Daten liefern um Simulationsmodelle zu verfeinern oder Optimierungsmaßnamen an bestehenden Prozessen voranzutreiben.

10. Literaturverzeichnis

1. M. Dawson, S. Hochgreb, *Liquid fuel visualization using laser-induced fluorescence during cold start,* SAE Technical Paper 982466, 1998.
2. Y.P. Wang, G.B. Wilkinson, J.A. Drallmeier, *Parametric study on the fuel film breakup of a cold start PFI engine,* Exp. Fluids **37**, 385-398, 2004.
3. R.H. Stanglmeier, M.J. Hall, R.D. Matthews, *In-cylinder fuel transport during the first cranking cycles in a port injected 4-valve engine,* SAE Technical Paper 970043, 1997.
4. H. Cho, K. Min, *Measurement of liquid fuel film distribution on the cylinder liner of a spark ignition engine using the laser-induced fluorescence technique,* Meas. Sci. Technol. **14**, 975-982, 2003.
5. E. Stevens, R. Steeper, *Piston wetting in an optical DISI engine: Fuel films, pool fires, and soot generation,* SAE Technical Paper 2001-01-1203, 2001.
6. S. Park, J.B. Ghandhi, *Fuel film temperature and thickness measurements on the piston crown of a direct-injection spark-ignition engine,* SAE Technical Paper 2005-01-0649, 2005.
7. M.C. Drake, T.D. Fansler, A.S. Solomon, G.A. Szekely, *Piston fuel films as a source of smoke and hydrocarbon emissions from a wall-controlled spark-ignited direct-injection engine,* SAE Technical Paper 2003-01-0547, 2003.
8. R. Meyer, E. Yilmaz, J.B. Heywood, *Liquid fuel flow in the vicinity of the intake valve of a port-injected SI engine,* SAE Technical Paper 982471, 1998.
9. G. Almkvist, I. Denbratt, G. Josefsson, I. Magnusson, *Measurements of fuel film thickness in the inlet port of an S.I. engine by laser-induced fluorescence,* SAE Technical Paper 952483, 1995.
10. W. Hentschel, A. Grote, O. Langer, *Measurement of wall film thickness in the intake manifold of a standard production SI engine by a spectroscopic technique,* SAE Technical Paper 972832, 1997.
11. T. Johnen, M. Haug, *Spray formation oberservation and fuel film development measurement in the intake of a spark ignition engine,* SAE Technical Paper 950511, 1998.
12. P.G. Felton, D.C. Kyritsis, S.K. Fulcher, *LIF visualization of liquid fuel in the intake manifold during cold start,* SAE Technical Paper 952464, 1995.
13. E. Kull, G. Wittafsky, W. Stolz, *Two-dimensional visualization of liquid layers on transparent walls,* Opt. Lett. **22**, 645-647, 1997.
14. M. Alonso, P.J. Kay, P.J. Bowen, R. Gilchrist, S. Sapsford, *A laser induced fluorescence technique for quantitative transient liquid fuel films utilising total internal reflection,* Exp. Fluids **48**, 133-142, 2010.
15. A. Schagen, M. Modigell, *Laser-induced luminescence technique for the simultaneous measurement of local film thickness and temperature distribution in thin wavy liquid films*, in *AIChE Annual Meeting* 2006: San Francisco, USA.
16. A.A. Mouza, N.A. Vlachos, S.V. Paras, A.J. Karabelas, *Measurements of liquid film thickness using laser light absorption method,* Exp. Fluids. **28**, 355-359, 2000.

17. H. Yang, D. Greszik, T. Dreier, C. Schulz, *Simultaneous measurement of liquid film thickness and water vapor temperature using near-infrared tunable diode laser absorption spectroscopy,* Appl. Phys. B **99**, 385-390, 2010.

18. L.W. Evers, K.J. Jackson, *Liquid film thickness measurement by means of internally reflected light,* SAE Technical Paper 950002, 1995.

19. E.T. Hurlburt, T.A. Shedd, *Optical measurement of liquid film thickness and wave velocity in liquid film flows,* Exp. Fluids **21**, 357-362, 1996.

20. T.A. Shedd, T.A. Newell, *Automated optical liquid film thickness measurement method,* Rev. Sci. Instrum. **69**, 4205-4213, 1998.

21. S. Wittig, J. Himmelsbach, M. Hallmann, W. Samenfink, A. Elsäßer, *Gemischausbereitung und Wandfilmverhalten in Saugrohren von Ottomotoren, Teil 1: Experimentelle und numerische Grundlagenuntersuchungen,* MTZ, Motortech. Z. **55**, 160-166, 1994.

22. C. Hidrovo, D. Hart, *Emission reabsorption laser induced fluorescence (ERLIF) film thickness measurement,* Meas. Sci. Technol. **12**, 467-477, 2001.

23. A.C. Eckbreth, *Laser diagnostics for combustion, temperature and species*, Amsterdam, Gordon and Breach Publishers, 1996.

24. W. Demtröder, *Molekülphysik, 1. Auflage*, Oldenbourg Wissenschaftsverlag GmbH, München, 2003.

25. P.W. Atkins, J. de Paula, *Physikalische Chemie*, Wiley-VCH Verlag, Weinheim, 2006.

26. K.S. Wissel, *Lasermessverfahren zur Bestimmung von Geschwindigkeit und Kraftstoffverteilung bei motorischen Einspritzvorgängen,* Dissertation, Rheinisch-Westfälische Technische Hochschule Aachen, 2006.

27. M.C. Thurber, R.K. Hanson, *Pressure and composition dependences of acetone laser-induced fluorescence with excitation at 248, 266, and 308 nm,* Appl. Phys. B **69**, 229-240, 1999.

28. J. Warnatz, U. Maas, R.W. Dibble, *Combustion, physical and chemical fundamentals, modeling and simulation, experiments, pollutant formation, 4th Edition*, Springer Verlag, Berlin, Heidelberg, New York, 2006.

29. D.A. Long, *Raman spectroscopy*, McGraw-Hill, New York, 1977.

30. J. Brandmüller, H. Moser, *Einführung in die Ramanspektroskopie*, Steinkopff, Darmstadt, 1962.

31. G. Placzek, *Rayleigh-Streuung und Raman-Effekt aus Handbuch der Radiologie, 2. Auflage, Band 6*, Akademische Verlagsgesellschaft, Leipzig, 1934.

32. M.M. Sushchinskii, *Raman spectra of molecules and crystals*, Keter Inc., New York, 1972.

33. A. Anderson, *The Raman Effect, Band 1*, Dekker, New York, 1971.

34. A. Anderson, *The Raman Effect, Band 2*, Dekker, New York, 1973.

35. B. Schrader, *Infrared and Raman spectroscopy*, VCH, New York, 1995.

36. A. Weber, *Raman spectroscopy of gases and liquids*, Springer, Berlin, Heidelberg, New York, 1979.

37. W. Demtröder, *Laserspektroskopie, 5. Auflage*, Springer Verlag, Berlin, Heidelberg, New York, 2007.

38. M. Hugenschmidt, *Lasermesstechnik, Diagnostik der Kurzzeitphysik*, Springer Verlag, Berlin, Heidelberg, New York, 2007.

39. H. Haken, H.C. Wolf, *Molekülphysik und Quantenchemie, Einführung in die experimentellen und theoretischen Grundlagen, 3. Auflage*, Springer Verlag, Berlin, Heidelberg, New York, 1998.

40. G.W. Faris, R.A. Copeland, *Wavelength dependence of the Raman cross section for liquid water,* Appl. Opt. **36**, 2686-2688, 1997.

41. G. Eckhardt, W.G. Wagner, *On the calculation of absolute Raman scattering cross sections from Raman scattering coefficients,* J. Mol. Spectrosc. **19**, 407-411, 1966.

42. H. Zhao, N. Ladommatos, *Optical diagnostics for in-cylinder mixture formation measurements in IC engines* Prog. Energy Combust Sci. **24**, 297-336, 1998.

43. N. Wermuth, V. Sick, *Absorption and fluorescence data of acetone, 3-pentanone, biacetyl, and toluene at engine-specific combinations of temperature and pressure,* SAE Technical Paper 2005-01-2090, 2005.

44. Carl Roth GmbH & Co. KG, *Sicherheitsdatenblatt Aceton*, 2011.

45. Acros Organics BVBA, *Sicherheitsdatenblatt 3-Pentanon*, 2005.

46. Total Deutschland GmbH, *Sicherheitsdatenblatt Dieselkraftstoff*, 2003.

47. Aug. Hedinger GmbH & Co. KG, *Sicherheitsdatenblatt Isooktan*, 2004.

48. M.A. Siddiqi, *Durchführung der Gleichgewichtsberechnungen*, Lehrstuhl für Thermodynamik, Institut für Verbrennung und Gasdynamik, Univ. Duisburg-Essen, private Mitteilung, 2010.

49. J. Bartlett, K. Voss, *Raman scattering by pure water and seawater,* Appl. Opt. **37**, 3324-3332, 1998.

50. H. Xu, P.J. Wentworth, N.W. Howell, J.A. Joens, *Temperature dependent near-UV molar absorptivities of aliphatic aldehydes and ketones in aqueous solution,* Spectrochimica Acta. **49A**, 1171-1178, 1993.

51. W. Kutzelnigg, R. Mecke, B. Schrader, F. Nerdel, G. Kresse, *Die Schwingungsspektren des Harnstoff-Moleküls, des Harnstoff-Kristalls und des Wirtsgitters der Harnstoff-Einschlussverbindungen,* Zeitschrift für Elektrochemie, Berichte der Bunsengesellschaft **65**, 109-119, 1961.

52. J.W. Otvos, J.T. Edsall, *Raman spectra of deuterium substituted guanidine and urea,* J. chem. Physics **7**, 632, 1949.

53. M.C. Thurber, F. Grisch, B.J. Kirby, M. Votsmeier, R.K. Hanson, *Measurements and modeling of acetone laser-induced fluorescence with implications for temperature-imaging diagnostics,* Appl. Opt. **37**, 4963-4978, 1998.

54. W. Koban, J.D. Koch, R.K. Hanson, C. Schulz, *Absorption and fluorescence of toluene vapor at elevated temperatures,* Phys. Chem. Chem. Phys. **6**, 2940-2945, 2004.

55. G.E. Walrafen, *Raman spectral studies of the effects of temperature on water structure,* Journal of Chem. Phys. **47**, 114-126, 1967.

56. D. Meschede, *Optik, Licht und Laser*, Teubner, Stuttgart, 1999.

57. LaVision GmbH, *Fundamentals of ICCD*, Göttingen.

58. F.K. Kneubühl, M.W. Sigrist, *Laser, 5. Auflage*, Teubner, Stuttgart, 1999.

59. J.M. Porter, J.B. Jeffries, R.K. Hanson, *Mid-infrared laser-absorption diagnostic for vapor-phase fuel mole fraction and liquid fuel film thickness,* Appl. Phys. B **102**, 345-355, 2011.

60. E. Hering, R. Martin, M. Stohrer, *Physik für Ingenieure, 10. Auflage*, Springer Verlag, Berlin, Heidelberg, New York, 2007.

61. G.M. Hale, M.R. Querry, *Optical constants of water in the 200 nm to 200 μm wavelength region,* Appl. Opt. **12**, 555-563, 1973.

62. B. Frackowiak, C. Tropea, *Numerical analysis of diameter influence on droplet fluorescence,* Appl. Opt. **49**, 2363-2370, 2010.

63. D. Greszik, H. Yang, T. Dreier, C. Schulz, *Measurement of water film thickness by laser-induced fluorescence and Raman imaging,* Appl. Phys. B **102**, 123-132, 2010.

64. B.E.A. Saleh, M.C. Teich, *Fundamentals of Photonics (J. W. Goodman (Ed.))*, J. Wiley & Sons, Inc., 1991.

65. T. Fuyoto, H. Kronemeyer, B. Lewerich, J. Brübach, T. Fujikawa, K. Akihama, T. Dreier, C. Schulz, *Temperature and species measurement in a quenching boundary layer on a flat-flame burner,* Exp. Fluids **49**, 783-795, 2010.

66. W. Geller, *Thermodynamik für Maschinenbauer, 3., erweiterte Auflage*, Springer Verlag, Berlin, Heidelberg, New York, 2005.

67. D. Schulze, *Durchführung der Strömungsvisualisierung mit SolidWorks*, Institut für Verbrennung und Gasdynamik, Univ. Duisburg-Essen, 2011.

68. V.M. Salazar, S.A. Kaiser, F. Halter, *Optimizing precision and accuracy of quantitative PLIF of acetone as a tracer for hydrogen fuel,* SAE Technical Paper 2009-01-1534, 2009.

69. Deutsche Chemische Gesellschaft, *Gmelins Handbuch der anorganischen Chemie, Band C, D*, 1. Verlag Chemie, Heidelberg, 1971.

70. Volkswagen AG, *Selbststudienprogramm 424 - Das Abgasnachbehandlungssystem Selective Catalytic Reduction - Konstruktion und Funktion*, Wolfsburg, 2009.

71. F. Birkhold, U. Meingast, P. Wassermann, O. Deutschmann, *Modeling and simulation of the injection of urea-water-solution for automotive SCR DeNOx-systems,* Applied Catalysis B: Environmental **70**, 119-127, 2007.

72. M. Koebel, M. Elsener, M. Kleemann, *Urea-SCR: a promising technique to reduce NOx emissions from automotive diesel engines,* Catalysis Today **59**, 335-345, 2000.

73. S. Yim, S. Kim, J. Baik, I. Nam, Y. Mok, J. Lee, B. Cho, S. Oh, *Decomposition of urea into NH_3 for the SCR process,* Ind. Eng. Chem. Res. **43**, 4856-4863, 2004.

74. C. Enderle, H. Breitbach, M. Paule, B. Keppeler, *Selective catalytic reduction with urea - The most effective nitrous oxide aftertreatment for light-duty diesel engines,* 26. Internationales Wiener Motorensymposium, Wien, Österreich, 2005.

75. C. Bai, A. Gosman, *Development of methodology for spray impingement simulation,* SAE Technical Paper 950283, 1995.

76. L. Wachters, N. Westerling, *The heat transfer from a hot wall to impinging water drops in the spheroidal state,* Chem. Eng. Sci. **21**, 1047-1056, 1966.

77. F. Birkhold, U. Meingast, P. Wassermann, O. Deutschmann, *Analysis of the injection of urea-water-solution for automotive SCR DeNOx-systems: Modeling of two-phase flow and spray/wall-interaction,* SAE Technical Paper 2006-01-0643, 2006.

78. H. Fang, H. DaCosta, *Urea thermolysis and NOx reduction with and without SCR catalysts,* Applied Catalysis B: Environmental **46**, 17-34, 2003.

79. M.U. Alzueta, R. Bilbao, A. Millera, M. Oliva, J.C. Ibanez, *Interactions between nitric oxide and urea under flow reactor conditions,* Energy & Fuels **12**, 1001-1007, 1998.

80. R. van Helden, R. Verbeek, F. Willems, R. van der Welle, *Optimization of urea SCR deNOx systems for HD diesel engines,* SAE Technical Paper 2004-01-0154, 2004.

81. M. Soest, J. Noetzel, M.-C. Wu, T. Sugiarto, T. Bordewyk, G. Fulks, G.B. Fisher, *Monitoring, feedback and control of urea SCR dosing systems for NOx reduction: Utilizing an embedded model and ammonia sensing,* SAE Technical Paper 2008-01-1325, 2008.

77. P. Birkhold, U. Meingast, P. Wassermann, O. Deutschmann, *Analysis of the injection of urea-water-solution for automotive SCR DeNOx-systems: Modeling of two-phase flow and spray/wall-interaction*, SAE Technical Paper 2006-01-0643, 2006.

78. H. Fang, H. DaCosta, *Urea thermolysis and NOx reduction with and without SCR catalysts*, Applied Catalysis B: Environmental 46, 17-34, 2003.

79. M.U. Alzueta, R. Bilbao, A. Millera, M. Oliva, J.C. Ibanez, *Interactions between nitric oxide and urea under flow reactor conditions*, Energy & Fuels 12, 1001-1007, 1998.

80. R. van Helden, R. Verbeek, F. Willems, R. van der Welle, *Optimization of urea SCR deNOx systems for HD diesel engines*, SAE Technical Paper 2004-01-0154, 2004.

81. M. Shost, J. Noetzel, M.-C. Wu, T. Sugiarto, T. Bordewyk, G. Fulks, G.B. Fisher, *Monitoring, feedback and control of urea SCR dosing systems for NOx reduction: Utilizing an embedded model and ammonia sensing*, SAE Technical Paper 2008-01-1325, 2008.

11. Abkürzungsverzeichnis

Symbol	Bezeichnung	Einheit
A	Fläche	m^2
A_{21}	Einsteinkoeffizient spontane Emission	s^{-1}
B_{12}	Einsteinkoeffizient Absorption	$m^3\ J^{-1}\ s^{-2}$
E	Energie	$J\ m^{-2}$
E	elektrisches Feld	$V\ m^{-1}$
I	Intensität	$J\ m^{-2}$
$\bar{I}$	Mittelwert der Intensität	-
I_{Raman}	Ramansignal	J
I_{L}	Strahlungsleistung Laser	$J\ m^{-2}$
L	Korrekturfaktor	-
N	Stoffmengenkonzentration	$mol\ m^{-3}$
P	Leistung	$J\ s^{-1}$
Q	Wärmemenge	J
Q_{21}	Quenchrate	s^{-1}
Q_{D}	Detektoreffizienz	-
S	Messignal	-
S_0	Grundzustand	-
S_1	erster angeregter Zustand	-
T_1	erster Triplettzustand	-
T	Temperatur	K
T	Transmission	-
U	innere Energie	J
V	Messvolumen	m^3
W	Arbeit	J
c	Lichtgeschwindigkeit	$m\ s^{-1}$
c_{p}	isobare Wärmekapazität	$J\ kg^{-1}\ K^{-1}$
d	Schichtdicke	m
h	Planck'sches Wirkungsquantuum	J s
n	Anzahl	-

Symbol	Bezeichnung	Einheit
n	Brechungsindex	-
p	Druck	$N\ m^{-2}$
p	induziertes Dipolmoment	A s m
t	Zeit	m
x	Weglänge	m
x	Molenbruch	-
Ω	Beobachtungsraumwinkel	Sr
α	Polarisierbarkeit	$C\ m^2\ V^{-1}$
λ	Wellenlänge	m
ν	Frequenz	s^{-1}
ν_i	Vibrationsniveau	-
σ	molarer Absorptionsquerschnitt	$m^2\ mol^{-1}$
σ_I	Standardabweichung	-
σ_{Raman}	molarer Raman-Streuquerschnitt	$m^2\ mol^{-1}$
ρ	Dichte	$kg\ m^{-3}$
τ	Verweilzeit	s
ϕ	Quanteneffizienz	-
ω	Kreisfrequenz	s^{-1}

Abkürzung	Bezeichnung
EAA	Ethyl-Acetoacetat
IC	internal conversion
ISC	intersystem crossing
IVR	internal vibrational redistribution
HWL	Harnstoff-Wasserlösung
KTF	Kontrast Transferfunktion
SCR	selective catalytic reduction
UNIFAC	Universal Quasichemical Functional Group Activity Coefficients

12. Anhänge

12.1. Selektive katalytische Reduktion mit Harnstoff

Im folgenden Abschnitt soll eine mögliche technische Anwendung des optischen Messverfahrens zur Messung von wässrigen Flüssigkeitsfilmen aufgezeigt werden. Hierzu wird das Verfahren der selektiven katalytischen Reduktion vorgestellt.

Zur Erfüllung immer strengerer Abgasgrenzwerte für Dieselmotoren ist neben innermotorischen Maßnahmen auch eine nachgeschaltete Abgasnachbehandlung unverzichtbar geworden. Hierbei sticht insbesondere das Verfahren der selektiven katalytischen Reduktion (selective catalytic reduction, SCR) heraus, welches die Einspritzung einer Harnstoff-Wasserlösung verwendet um Ammoniak für die Reduktion von Stickoxiden bereit zu stellen. Zur Optimierung dessen Wirkungsgrades ist es von Interesse eine genaue Kenntnis über eine mögliche Wandfilmbildung des Reduktionsmittels zu haben.

12.1.1. Prinzip / Chemische Grundlagen

Der Begriff bezeichnet die gezielte Umsetzung von Stickoxiden in sauerstoffreichem Abgas mit einem geeigneten Reduktionsmittel. Als Reduktionsmittel kommt Ammoniak (NH_3) zum Einsatz. Aufgrund der Gefahren, die ein Mitführen von Ammoniak im Fahrzeug mit sich brächte, wird stattdessen Harnstoff ein gefahrloser Stoff eingesetzt, welcher sich in Ammoniak umwandeln lässt. Harnstoff kann als wässrige Lösung mit einem Harnstoffanteil von typischerweise 32,5 Massenprozent mitgeführt werden. Diese wird in Europa unter dem Namen „AdBlue“ vertrieben, während sie in den USA als „DEF“ (Diesel Exhaust Fluid) erworben werden kann. Tabelle 6 zeigt eine Übersicht ausgewählter Stoffeigenschaften von Harnstoff-Wasserlösungen (HWL) sowie reinem Wasser bei Umgebungstemperatur.

Eigenschaft	Wasser	HWL
Dichte / g cm^{-3}	0,997	1,087
spezifische Wärmekapazität / J kg^{-1} K^{-1}	4183	3395
dynamische Viskosität / kg m^{-1} s^{-1}	0,0010	0,0013
Wärmeleitfähigkeit / W m^{-1} K^{-1}	0,598	0,564
Oberflächenspannung / N m^{-1}	0,073	0,075

Tabelle 6: Stoffeigenschaften von Wasser und HWL (nach DIN 70070) bei 298 K

Der gelöste Harnstoff zeigt nur einen geringen Einfluss auf die Stoffwerte bei Raumtemperatur. Dieser nimmt bei der Verdunstung im heißen Abgas jedoch zu [69].

12.1.2. Reduktionsmittelaufbereitung

In Abbildung 71 ist der typische Aufbau eines solchen Systems zur Abgasnachbehandlung, bestehend aus Einspritzventil, Mischer und dem Reduktionskatalysator, gezeigt. Die Lösung wird mit einem Injektor in das Abgassystem eingespritzt, wo sie verdampft und zu Ammoniak umgewandelt wird, welcher für die Reduktion benötigt wird. Anschließend wird das Abgas mit dem Ammoniak im Mischer verwirbelt, durchmischt und gelangt im Anschluss in den Reduktionskatalysator, in dem die Reduktion abläuft.

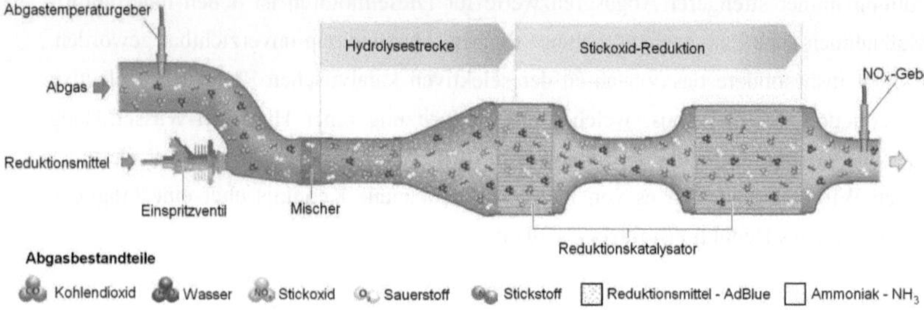

Abbildung 71: Schematischer Aufbau eines kommerziellen SCR-Systems bestehend aus Einspritzventil, Mischer sowie Reduktionskatalysator [70].

Hinsichtlich der Verdampfung sowie Zersetzung der HWL spielen die Abgasgeschwindigkeit sowie dessen Temperatur eine entscheidende Rolle. Im kontinuierlichen Betrieb liegt diese bei 5–100 m s^{-1} in einem Temperaturbereich an der Dosierstelle von 150 bis hin zu 650°C. Einspritzsysteme der Harnstoff-Wasser-Lösung erzeugen Tropfen mit Sauterdurchmessern im Bereich von 10 bis 120 µm bei typischen Einspritzgeschwindigkeiten von 10–80 m s^{-1} [71]. Für eine hohe NO_x-Konvertierung im SCR-Katalysator sind eine möglichst homogene Verteilung des Reduktionsmittels sowie ein hoher Aufbereitungsgrad an der Eintrittsfläche des Katalysators notwendig. Die Aufbereitung der Lösung von der Dosierstelle bis zum Eintritt in den SCR-Katalysator geschieht über verschiedene physikalische und chemische Prozesse, welche in Abbildung 72 schematisch dargestellt sind.

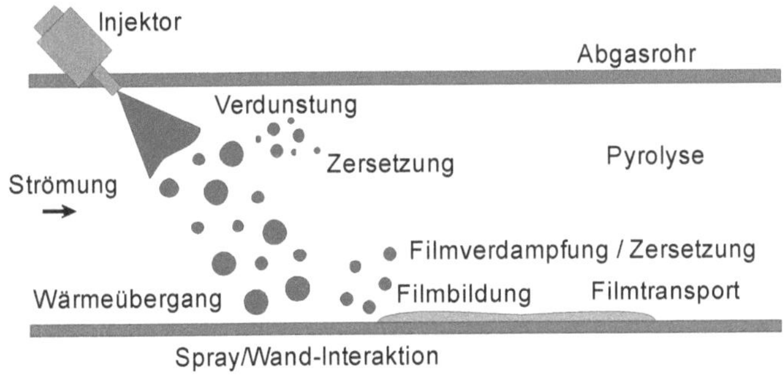

Abbildung 72: Prozesse während der Aufbereitung von Harnstoff-Wasserlösungen zur selektiven katalytischen Reduktion (SCR).

Während der Einspritzung zerfällt der zunächst noch geschlossene Flüssigkeitsstrom in Einzeltropfen unterschiedlicher Größe (Spray). Gleichzeitig werden die Tropfen durch das heiße Abgas aufgeheizt und die Verdunstung beginnt. Während das Lösungsmittel verdampft, wird der enthaltene Harnstoff nach der Trocknung weiter erhitzt und thermisch zersetzt. Es findet eine Pyrolyse in gasförmiges Ammoniak (NH_3) und Isocyansäure (HNCO) statt [72-73]:

$$(NH_2)_2CO \leftrightarrow HNCO + NH_3 \tag{3.1}$$

HNCO reagiert in einer Hydrolysereaktion mit Wasserdampf in der Gasphase zu Ammoniak und Kohlendioxid:

$$HNCO + H_2O \leftrightarrow NH_3 + CO_2 \tag{3.2}$$

In der folgenden Bruttoreaktion bildet nun Ammoniak die Grundlage der Reduktion der Stickoxide zu Stickstoff und Wasser:

$$\begin{aligned} 4NH_3 + 4NO + O_2 &\leftrightarrow 4N_2 + 6H_2O \\ 8NH_3 + 6NO_2 &\leftrightarrow 7N_2 + 12H_2O \end{aligned} \tag{3.3}$$

Insbesondere bei PKW-Anwendungen, wo Dosiersysteme ohne Luftunterstützung bei kleinen Abmessungen des Abgasrohrs eingesetzt werden, tritt Spray-Wand-Kontakt auf [74]. Unter bestimmten Betriebsbedingungen, insbesondere beim Kaltstart, bei dem die Abgasanlage noch Umgebungstemperatur hat, kann sich ein Teil des Reduktionsmittels in flüssiger Form auf dem Katalysator, der Abgasrohrwand oder anderen Oberflächen (z.B. dem Mischer) ansammeln. Beim Tropfen-Wand-Kontakt läuft eine Vielzahl an unterschiedlichen Phänomenen ab (Abbildung 72) [75]. An der heißen Wand, die Temperaturen zwischen 30 und 600°C aufweist, tritt Tropfenzerfall sowie ein Abprallen der Tropfen auf. Der Tropfenaufprall führt zu einer lokalen Auskühlung der Oberfläche [76]. Sinkt die Wandtemperatur unter einen kritischen Wert, so kommt es zu einer Benetzung und daraus folgend zur Bildung eines Wandfilms [77]. Die Verdunstung und Zersetzung des Wandfilms führen zu einer weiteren Abkühlung.

Diese Effekte können zu Ablagerungen von Harnstoff bzw. gebildeter Zwischenprodukte führen, welche für die Anwendung höchst unerwünscht sind [78]. Ziel ist es daher, diese Wandfilmbildung zu minimieren oder ganz zu vermeiden. Zur Optimierung und somit zur Steigerung des Wirkungsgrades des Verfahrens wurden zahlreiche numerische Untersuchungen durchgeführt. Diese beschäftigen sich mit unterschiedlichen Phänomenen wie der Durchmischung von Abgas mit Ammoniak [71, 79], der Konzentrationsverteilung des Reduktionsmittels [80] und der damit zusammenhängenden Konvertierung von NO_x [81], sowie auch mit der Spray-Wand-Interaktion und der damit einhergehenden Wandfilmbildung [77]. Auf der Oberfläche abgelagerte Harnstoff-Wasser-Lösung kann nicht direkt in Ammoniak konvertiert werden und steht somit dem Prozess nicht unmittelbar zur Verfügung. Ein weiterer nicht gewünschter Effekt ist die Bildung von Verkrustungen durch nicht umgewandelten Harnstoff, der sich auf der Oberfläche ablagern kann. Für eine Validierung der Simulationsmodelle wäre eine Charakterisierung des tatsächlich sich auf der Oberfläche bildenden Wandfilms wünschenswert. Hierfür würde sich das in dieser Arbeit beschriebene Messverfahren zur Bestimmung von wässrigen Flüssigkeitsfilmen anbieten. Neben einer hohen zeitlichen wie auch räumlichen Auflösung biete es die Möglichkeit die Schichtdicke eines verdampfenden Flüssigkeitsfilms zu untersuchen.

12.2. Transmissionsspektren verwendeter Filter

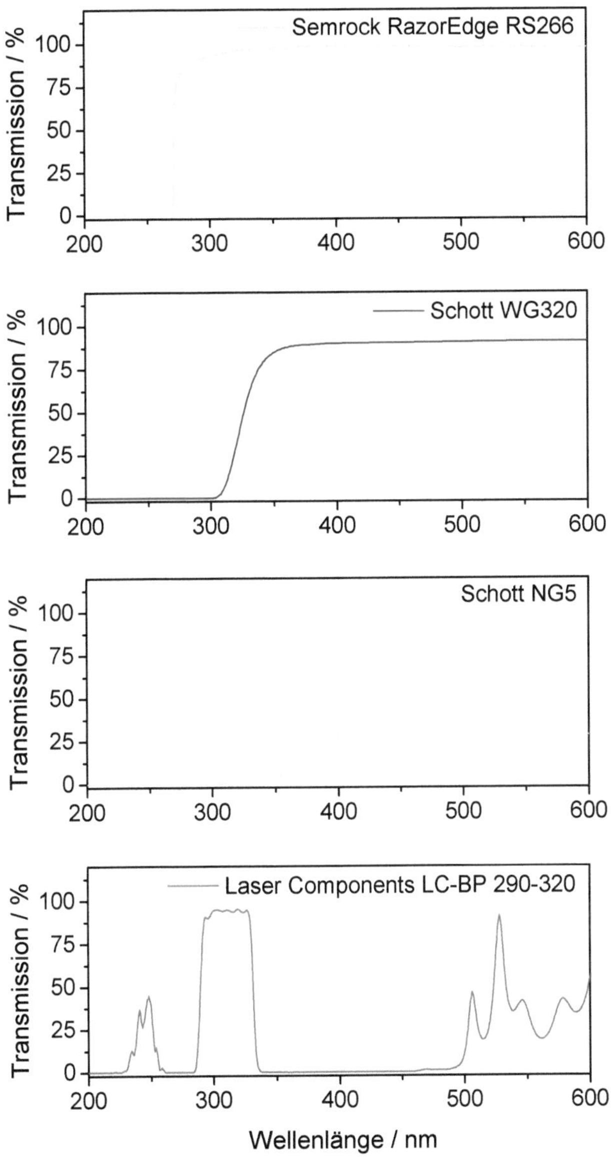

12.3. Schaltplan Einspritzsystem

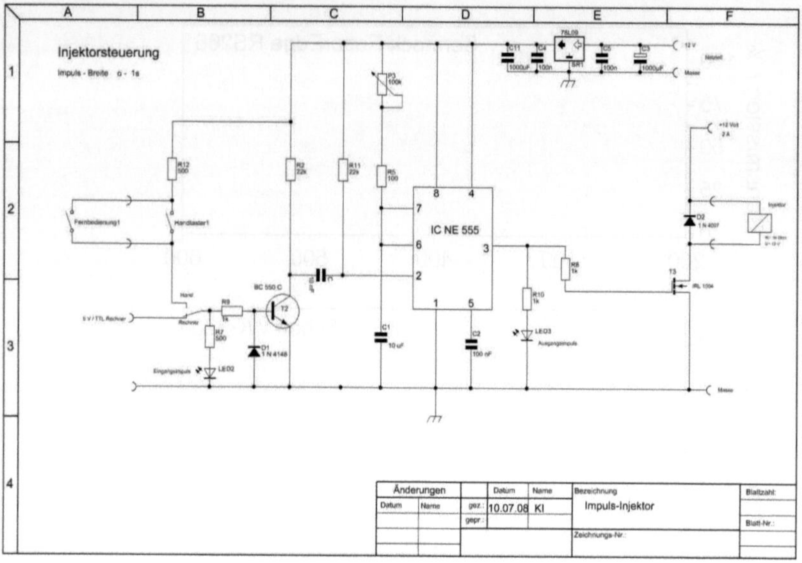

12.4. Verrohrungsplan Einspritzsystem

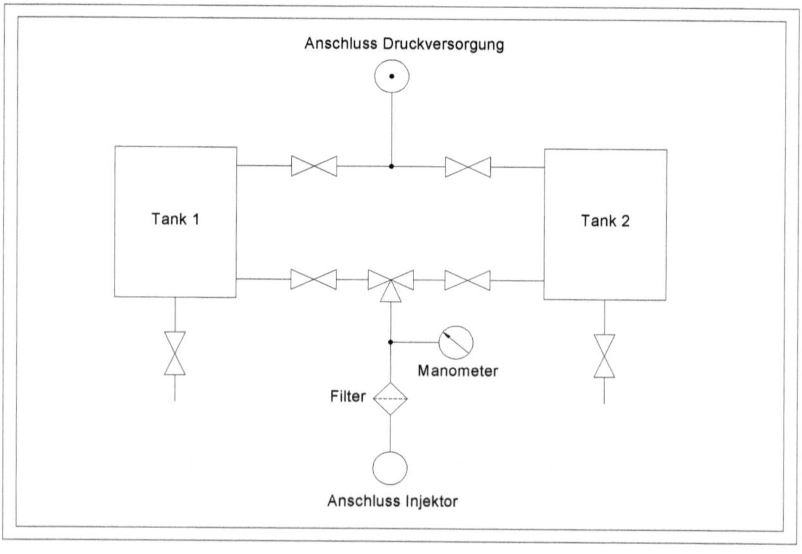

12.5. Zeichnungen Kalibrierwerkzeug

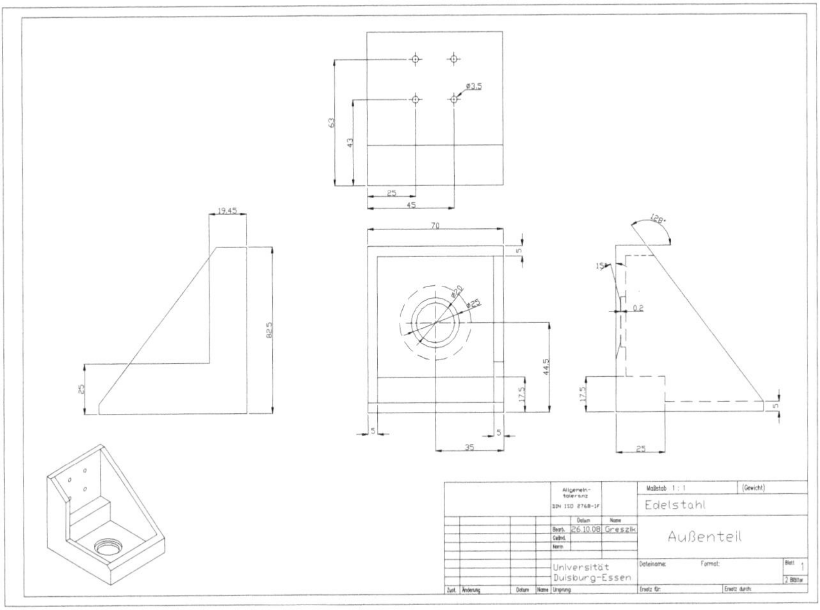

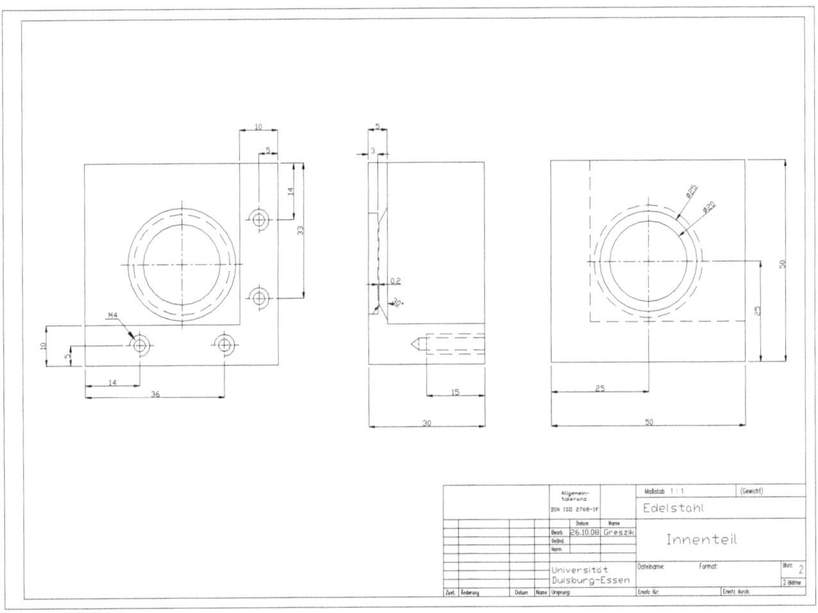